空飛ぶクルマ

設計・運航から操縦まで

横田　友宏

鳳文書林出版販売

前書き

　この本で言う空飛ぶクルマとは、eVTOL（Electric Vertical TakeOff Landing　電動垂直離着陸機）のことです。バッテリーの電気を使ってモーターを回して、垂直に離陸及び着陸できる乗り物について書かれています。本来の用語の使い方とは違いますが、「空の移動革命に向けた官民協議会」が作成したロードマップの中の呼び方を使用しています。

　この本では、空飛ぶクルマが世界にもたらす影響、空飛ぶクルマのビジネスチャンス、法律や規則、設計上の留意点、操縦方法、空飛ぶクルマの運航に影響を及ぼす気象状態と対処法など空飛ぶクルマに付随する様々なことについて書いていきたいと思います。

　空飛ぶクルマは、非常に便利な乗り物ですが、万が一空飛ぶクルマが墜落したり、衝突したりすれば、中に搭乗している人のみでなく、地上にいる人にも被害が及びます。

　この本は、空飛ぶクルマのリスクを減らすことを目的に書かれています。あらかじめ起こりえる危険と対処方法を知っていれば、リスクを減らすことができます。この本が少しでも空の安全に寄与することを願っています。

　ここに書かれているのは飽くまで私の私見です。空飛ぶクルマについては今後様々な法律、規則が作られていくこととなると思います。

　この本では今後大幅に変わっていくであろう、法律、免許等については、最小限しか触れていません。これらについては、国土交通省のホームページ等を参照してください。

　気象について更に詳しく知りたい方は、拙著「エアラインパイロットのための航空気象」鳳文書林出版販売（株）、「METAR からの航空気象」（共著）鳳文書林出版販売（株）を御覧ください。

　航法について更に詳しく知りたい方は、拙著「役にたつ VFR ナビゲーション」鳳文書林出版販売（株）を御覧ください。

　管制官との ATC について更に詳しく知りたい方は、拙著「エアラインパイロットのための ATC」鳳文書林出版販売（株）を御覧ください。

　注：この本に書かれていることは、飽くまでも、現時点での私の私見です。FAA や EASA、ICAO の規定や決まり事ではないことに御留意ください。また、今後の法律や様々な規則、技術の発達により、この本に書かれたとおりにならないこともあり得ます。

注：EASA、FAA の規定は変わります。規定類を参照するときには必ず原典で確認してください。

注：この本の中の写真の一部は、プロトタイプであったり CG であったりと実機では無いものも
　　含まれています。

　本書が幾ばくかでも、空飛ぶクルマの発展と安全性の向上に寄与できれば、著者としてこ
れ以上の喜びはありません。空飛ぶクルマは正しく使えば、社会の様々な問題を解決する道
具となります。一方誤った使い方をすれば、社会に重大な損失を与えかねません。
　空飛ぶクルマが正しく使われて、社会の役にたつことを願ってやみません。

令和 5 年 2 月 4 日　横田　友宏

謝辞

この本の執筆に当たり、エアロディベロップジャパン(株)、田邊敏憲社長、太田豊彦CTO、藤秀実シニアアドバイザーにお世話になりました。

また、日本UAS産業振興協議会の千田泰弘様にもいろいろと教えていただきました。

名古屋大学ナショナルコンポジットセンター、気象庁、航空自衛隊、Vertical Aerospace社、Joby Aviation、Air社、BETA TECHNOLOGIES社、Airbus社の皆様に写真提供していただきました。

鳳文書林出版販売（株）の青木孝社長には出版を快諾していただきました。

改めて皆様に御礼を申し上げたいと思います。

表紙写真　提供 Joby Aviation

目　次

近い未来の物語……1

　空飛ぶ自家用車……2

　空飛ぶタクシー……8

　空飛ぶドクターカー……11

　空飛ぶ自動車学校……13

空の移動革命に向けたロードマップ……15

　UAM（都市型エアモビリティ）……18

　空飛ぶクルマと飛行機の違い……23

　空飛ぶクルマとヘリコプターの違い……24

空飛ぶクルマの種類……27

　翼を持ちブレードの方向を変える方式……28

　浮上用のブレードの他に、推進用のブレードを持っている方式……30

　浮上用のブレードのみの方式……31

　浮上用のブレードのみの方式の空飛ぶクルマの飛行原理……32

　二重系統……36

空飛ぶクルマに使われる様々な情報……39

　空飛ぶクルマの位置……39

　空飛ぶクルマの飛ぶ高度……39

　空飛ぶクルマで使う距離……43

　空飛ぶクルマの速度……44

　空飛ぶクルマの方向……44

空飛ぶクルマに装備すべき物……47

　無線電話……47

　トランスポンダー……47

　ADS-B……48

　救命胴衣……48

　緊急用フロート……48

　フライトレコーダー、ボイスレコーダー……49

　衝突防止装置……49

設計上の留意点……51

　設計思想……51

　整備性……53

　フライトコンピュータの冗長性……53

　耐空証明……54

　ブレード……60

　ブレードの長さ……60

　騒音……61

　ブレードの形状……62

　ブレードケース……62

　ブレードが機体の下に付いている空飛ぶクルマ……64

　ブレードが機体の上に付いている空飛ぶクルマ……65

　ブレードとモーターを同じ軸の上で、上下2段に付ける形……66

　回転中にブレードの角度が変わる方式……66

　ブレード表面を金属で覆う……66

　落雷対策……67

　ブレードの保守……67

　ブレード上の星形の傷……68

　モーター……68

　振動センサー……68

　応力センサー……68

　間違って取付けることができないモーターとブレード……69

　火災報知器……70

　バッテリーの温度モニター……70

　バッテリーヒーター……70

　バッテリーの冷却……70

　灯火……71

　機内消火器……71

EGPWS・・・・・71

ボンディングワイヤ・・・・・71

スタティックディスチャージャー・・・・・72

空飛ぶクルマの操縦装置・・・・・73

突風を再現できる風洞・・・・・73

一つの系統が故障した場合・・・・・73

横方向の推進力・・・・・74

右席操縦か左席操縦か・・・・・75

空飛ぶクルマの操縦系統・・・・・75

操縦の監視とオーバーライド・・・・・76

自動操縦のオフ・・・・・77

フライト制御用のシステム・・・・・77

エマージェンシィボタン・・・・・77

急な乱気流への対処・・・・・77

シートベルト・・・・・77

異種金属接触腐食・・・・・78

部品の取付け方法・・・・・78

セーフティワイヤ・・・・・78

ハイブリッド・・・・・79

燃料電池・・・・・80

水素脆性・・・・・80

超小型のガスタービンエンジン・・・・・81

空飛ぶクルマの強度・・・・・82

計器・・・・・83

センサーのデータの確認・・・・・83

空飛ぶクルマの運航・・・・・85

空飛ぶクルマの出発前確認事項・・・・・85

空飛ぶクルマの点検・・・・・85

空飛ぶクルマの離着陸場・・・・・86

航続距離とバーティポートの設置場
　所・・・・・91

バーティポートのセキュリティ・・・・・94

空飛ぶクルマの保守・・・・・95

空飛ぶクルマの乗員・・・・・96

空飛ぶクルマの操縦・・・・・100

有視界飛行方式と計器飛行方式・・・・・101

なぜ雲に入ってはいけないのか・・・・・102

VMC・・・・・102

天気が悪化し始めたら・・・・・104

VMC オントップ・・・・・104

計器飛行方式・・・・・105

見張り義務・・・・・105

進路権・・・・・105

航法・・・・・107

危険な操縦の禁止・・・・・114

物件の投下の禁止・・・・・114

危険物の輸送禁止・・・・・114

ビルの屋上への離着陸・・・・・115

山の稜線の越え方・・・・・115

谷の飛行・・・・・116

太陽に向かっての飛行・・・・・117

後方乱気流・・・・・117

ダウンウォッシュ・・・・・117

下方の安全確認・・・・・118

ヘリコプターの地上誘導手信号・・・・・119

ボルテックス・リング・・・・・120

火災・・・・・121

運航上のリスクとその回避方法・・・・・122

気象・・・・・123

空飛ぶクルマと気象条件・・・・・123

視程・・・・・123

もや、霧・・・・・123

風速制限・・・・・125

ビル風・・・・・125

横方向移動速度・・・・・125

積乱雲・・・・・126

ダウンバースト　マイクロバース
　ト・・・・・127

雹・・・・・128

落雷・・・・・130

強い雨・・・・・130

雪・・・・・131

ホワイトアウト‥‥‥131

台風‥‥‥132

低温‥‥‥133

着氷‥‥‥134

過冷却水滴‥‥‥135

フリージングレイン‥‥‥135

高温‥‥‥135

山岳波‥‥‥136

富士山の山岳波‥‥‥137

火山灰‥‥‥137

砂塵嵐‥‥‥138

空のハイウェイ‥‥‥139

幹線方向の空飛ぶクルマの高度‥‥‥139

安全管理‥‥‥140

保険‥‥‥140

空飛ぶクルマの社会的影響‥‥‥141

空飛ぶクルマのメリット‥‥‥144

過疎化への対応‥‥‥144

災害と空飛ぶクルマ‥‥‥148

これからの空飛ぶクルマの開発‥‥‥150

空飛ぶクルマの今後の課題‥‥‥151

後書き‥‥‥152

索引‥‥‥153

参考文献‥‥‥155

著者略歴‥‥‥157

（クレジットのない写真はフリー素材を使用しています）

近い未来の物語

写真提供：Joby Aviation

空飛ぶ自家用車

写真提供：AIR

　我が家は、町から離れた牧場の一角にあります。土地は数百坪あり、家と庭のほかに野菜畑や果樹園、更には妻の趣味であるイングリッシュガーデンもついています。何より良いのが自分の家以外は見渡す限り人工物が全く見えないという点です。隣の家とは随分距離があるので、どんなに大きな音で楽器を弾いても迷惑になりません。都会のマンションに住んでいるときには、子供は犬を飼うのが夢でした。その犬も柵の中で放し飼いにして飼えます。それでいてこの家は都内の高層マンションを買うのに比べればはるかに安い値段で買えました。

　電気はソーラーパネルを使って太陽光発電で自給しています。ガスは生ごみや養鶏場からもらったニワトリの糞、牧場からもらった牛の糞などを微生物などの力で発酵させて作っています。

　人里から離れていますが、日常生活で困ることは全くありません。家内も「必要な物があれば、インターネットで注文すれば、空飛ぶ宅配便で来るので全く困らない」と言っています。

　離れた場所に住んでいて一番困るのが、怪我をしたり急病になったりしたときです。それも空飛ぶドクターカーが発達したので全く心配ありません。連絡すると近くの町の病院から10分か15分で空飛ぶドクターカーが飛んできてくれます。医師と看護師が乗ってきてくれ

る上に、機内で簡単な手当ができるようになっていて、様々な薬も機内に常備されています。もし更に入院や検査が必要な場合は、そのまま病院まで連れて行ってくれます。

　朝起きると、トーストにカリカリに焼いたベーコン、自分の家で鶏が産んだ卵を使った目玉焼きとコーヒーが並んでいます。

　娘も一緒に食事をします。娘の学校の授業は、ほとんどオンラインで行われます。昔と違って体育や音楽などの授業は学校では行われません。スポーツをやりたい子供には様々なスポーツクラブがあり、土日や休みの間に自分のやりたいスポーツを行うことができます。子供たちは、様々なスポーツクラブや音楽などを組み合わせて、自分たちが好きなように遊んでいます。主にオンラインですが、ピアノをやりたい子はピアノ、サキソフォンをやりたい子はサキソフォンというように自分の好きなことができるようになっています。

　妻は在宅ワークです。子供が小さいときにも保育園に預ける必要がありませんし、迎えの時間を気にして慌てて帰宅する必要もありません。子供が病気だからといって会社を早退したり休んだりする必要もありません。

写真提供：AIR

　私の仕事は、在宅ワークとオフィスへの出社が半分半分です。食事が終わったので、駐機場に停めてある空飛ぶクルマに向かいます。座席に座ると、まず自分の免許証を空飛ぶクルマのカードリーダーに差し込みます。免許証の IC チップのデータが読み込まれ、この車を運転できるかどうかの確認がなされます。更に顔認証システムによって、運転しようとしているのが、免許証に記載された本人であるかどうかも確認されます。これによって自分が運

転できないような大重量の空飛ぶクルマを運転したり、他人の免許証で空飛ぶクルマを運転することはできないようになっています。

　会社へのルートは登録してあるので、「会社へ」と言うと自動的に空飛ぶクルマ用の管制システムと通信を始めます。今日の航空情報に照らし合わせて登録されたルートを飛べることが確認されます。

　地上を走る車と違って、空飛ぶクルマは空の上で止まっていることができません。渋滞が起きて同じ場所で速度が遅くなっても、浮くのにエネルギーを使うために、バッテリーがどんどん消費されてしまいます。

　このため渋滞が絶対に起こらないように、あらかじめ交通量の流れを管制システムがコントロールしています。飛行機の管制と違って、この管制システムは全自動で行われます。

　従来の航空管制では数百機の飛行機に対して何千人もの管制官がシフト勤務で働いています。今のように何万台もの空飛ぶクルマを、従来のような人間がコントロールする管制システムで管制しようとすると、その人件費だけで天文学的な数字になってしまいます。幸い渋滞もないようで経路がすぐに承認されました。離陸ボタンを押すと、空飛ぶクルマはあらかじめ定められた経路に従って離陸し、高度を上昇させ空と道の上を飛んでいきます。

写真提供：AIR

　もちろん空飛ぶクルマにも操縦スティックが付いて、人間がコントロールできるようになっています。ただしこのコントロールは、自動システムが故障したときと、自動システムで行けないところに行くようなときにしか使いません。

　基本は飽くまで自動操縦装置です。その方がはるかに高い精度で飛ぶことができます。また、衝突防止装置がコントロールして空飛ぶクルマ同士が衝突しないように、進路を変えたり高度を変えたりして調節しているのではるかに安全です。

　人間は長時間の間、精密な動きができません。判断が遅れたり、操縦を間違うと空飛ぶクルマ同士が衝突する危険性が生じます。それを防ぐためにも自動操縦装置がメインになります。

　しばらく飛ぶと、空のハイウェイに合流します。ハイウェイに合流するときの空飛ぶクルマ同士の間隔は、管制システムが上手にコントロールするので合流で渋滞が生じるようなことはありません。どのレーンをどれだけの速度で飛ぶかは、重量や性能に応じて管制システムが上手にコントロールしています。空飛ぶクルマは、この航空管制システムと衝突防止システムのおかげで安全に飛ぶことができます。

写真提供：AIR

　街に近づくと、空飛ぶクルマは空のハイウェイから離脱します。離脱するときには、空飛ぶクルマ同士が衝突しないように、まず高度を変えてそれから水平方向に移動するようになっています。ハイウェイから出た後は、まっすぐに着陸ポイントを目指して飛行します。機体の下方に備え付けたカメラが、着陸エリアを映しています。特に問題はなさそうです。赤

写真提供：AIR

外線カメラや、ミリ波レーダーも着陸に支障がないことを示しています。あとは自動的に駐機場に着陸するのを待っていればよいだけです。

　着陸したあと駐機場に空飛ぶクルマを止めて充電装置をつなぎます。その後は、自動で呼ばれた無人タクシーに乗り込んで自分の IC カードをタッチして、「会社まで」と言うと、全自動運転で会社まで向かいます。空飛ぶクルマのブレードやモーター、コントロールシステムなどはすべて二重系統になっています。どちらか一方の系統が作動しなくなっても、空飛ぶクルマは安全に必要な場所まで飛んで行き、そこで着陸することができるようになっています。不安を感じることは全くありません。

　個人で空飛ぶクルマを持つなど巨額な費用がかかると思われていますが、実際はそうでもありません。最初に現れた当時は、空飛ぶクルマは非常に高価でした。

　軽自動車メーカーが空飛ぶクルマに参加し、ボディを安価に作れるようになったことや、レアメタルを使わない電池が開発されたことで、値段が大幅に下がりました。空飛ぶクルマには、精密なエンジンやトランスミッション、サスペンション、タイヤ、ブレーキといったシステムが全く必要ありません。現在ではベンツやBMW、レクサスの高級車を買うよりも、安い値段で空飛ぶクルマを手に入れることができます。

　私の空飛ぶクルマは、リース契約で使っています。空飛ぶクルマは、一定時間ごとに点検が義務付けられています。それとは別に、年に一度耐空検査も行わなければなりません。
　もしこれが自分の車だとすると、そのたびに使えなくなるか、代車を手配しなければなりません。私の契約では、点検や耐空検査の場合には、自動的に別の空飛ぶクルマが使えます。

　駐機場から会社までの無人タクシーは、乗り捨ててかまいません。乗り捨てたら自動的に近くの駐車場まで走っていって待機するか、誰か別の人のところに走って行きます。

　仕事が終わりに近づくと、妻からラインが来ていました。ラインには買ってきて欲しい物のリストが並んでいます。
　インターネットで注文をして、宅配便で物を受け取っているのですが、どうしても急に何かが足りないというようなことが起こり得ます。そんなときは、街で仕事をしている私が買って帰ることになります。妻も娘もケーキ好きなので、帰りがけにおいしいケーキを売っている店にも寄ることにしました。
　仕事が終わってオフィスを出ると、アプリで呼んだ無人タクシーが来ていました。

　いつものように駐機場にまっすぐ向かってよいか質問されたので、その前にスーパーとケーキ屋さんに寄って、それから駐機場に向かうように頼みます。スーパーで頼まれた買物を済ませ、妻と娘が好きなケーキを買うと、駐機場に向かいました。

　空飛ぶクルマに乗り込んでシートベルトを締め「自宅まで」と言うと、上空に何もないことを確認して空飛ぶクルマは離陸します。最近では私と同じように空飛ぶクルマを使って通勤している人も徐々に増えてきています。空飛ぶクルマによって、社会が大きく変わってきているのを感じます。

　　　　　　　　　　　　注：写真はイメージです。ストーリーとは関係ありません

空飛ぶタクシー

「羽田空港の検査場が混んでいます。出発時間を 10 分早くされますか？」とラインの通知が来ました。乗り遅れては大変なので「10 分早く」と返信します。

そのまま仕事を続けていると「あと 5 分でお車が正面玄関に到着します」と再びラインが来ます。パソコンをログオフして荷物をまとめます。「今から福岡に出張に行ってくるのであとはよろしく」と部下に声をかけてエレベーターに向かいます。

空飛ぶタクシーの利用は、パッケージになっているので、個別に地上のタクシーを呼んだりタクシー代を払ったりする必要がありません。エレベーターを降りると正面玄関の前には既に無人タクシーが止まっています。タクシーに乗り込むと「駐機場まで向かいます」と、合成音声で案内されタクシーは走りだしました。車は東京ミッドタウンから数分のところにある、空飛ぶクルマの離着陸場であるバーティポートを目指して走り出しました。バーティポートにはすでに空飛ぶタクシーが止まっています。無人タクシーはその前で止まるので車を降りてそのまま空飛ぶタクシーに乗り換えます。

写真提供：Joby Aviation

ドアが閉まるとモーターの回転音が増して空飛ぶタクシーはふわりと浮き上がります。これから十分の空の旅です。下を見ると高速道路はびっしりと車がつながっている。これだと何分かかるか全く読めません。

　もし空飛ぶクルマがなくて、高速道路を使って地上の車で走るとするならば、何十分か場合によっては一時間以上前に、会社を出なければなりません。そうなれば無駄な時間ができますし、仕事ができない時間が増えてしまいます。空の上には渋滞というものがありません。地上の高速道路がどれだけ混んでいても関係ありません。

写真提供：Joby Aviation

　空の旅はあっという間に終わって、空飛ぶタクシーは東京国際空港の中のバーティポートに着きます。空港の周囲は、離着陸する飛行機の安全のために管制圏という空域が設けられています。空飛ぶタクシーは、管制官の許可を得て、あらかじめ管制圏に作られた空飛ぶタクシー専用のコリドーを通って空港の中に入ります。東京国際空港では多摩川の上空から国際線ターミナルの南側に設けられたバーティポートに着陸します。国際線に乗る時は歩いてターミナルビルに行けますし、国内線のターミナルに向かう時は、モノレールや京浜急行で移動します。

写真提供：　　Joby Aviation

　バーティポートの地上には、高性能の着陸誘導装置が埋め込まれています。空飛ぶタクシーは機体の下のカメラで駐機場の様子を確認しながら斜めに降下していきます。赤外線センサーや夜間用の暗視カメラも備えているので、夜間や気象状態が悪いときでも安全に着陸することができます。

　空飛ぶタクシーの費用は、地上のタクシーより若干高くなりますが、無駄に空港に早く行って待っている必要がありません。行き帰りの時間も大幅に短縮できます。早朝の便を利用して目的地に行って会議を行い、会議が終わったらすぐに別の場所に飛んで会議を行うなど一日に幾つもの会議をこなすことも可能になります。効率という点では非常に有り難いシステムです。

注：写真はイメージです。ストーリーとは関係ありません

空飛ぶドクターカー

私は城西病院の救急救命病棟の医師です。またドクターヘリならぬ空飛ぶドクターカーの医師でもあります。ドクターヘリは非常に多くの人命を救ってきましたが、運用に様々な制限があります。それに対して空飛ぶドクターカーはドクターヘリより小回りが利きます。機体の値段や整備費もヘリコプターより安いため、従来のドクターヘリより多くの病院に配備することができます。そのため患者さんの所により早く到着できます。

　持っている PHS が振動して呼出しを告げました。画面を見ると、空飛ぶドクターカーの出動要請です。直ちに病院の外の駐機場に向かいます。駐機場では既にパイロットが始動手順を終え機体の上のブレードが回っています。看護師と共に機体に飛び込みすぐにシートベルトを締めます。パイロットはドアが閉まったのを確認すると、直ちに上昇を始めました。
　スピーカーにした機内の無線から消防指令員の声が響きます。「城西市郊外の一軒家から出動要請、12 歳少年、呼吸不全、喘鳴あり、蕁麻疹発症。通報から 5 分経過、家の裏手に着陸可能な空地あり。現在そちらに誘導中」「了解」と返事をしました。アナフィラキシーショックの可能性が高いので薬の準備をします。アナフィラキシーショックは薬の場合 5 分、蜂などに刺された場合 15 分、食べ物の場合 30 分で、危険な血圧低下を起こすことがあり、地上を走る救急車では間に合わないことがあります。

　家の裏手の空き地に着陸したので、家に入りました。患者を確認すると、予想通りアナフィラキシーショックを起こしています。とりあえずアドレナリンを注射し、原因をつきとめるために、家族に確認します。薬は飲んでおらず、スズメ蜂に刺されたということでした。母親が「過去にも刺されたことはありましたが、その時はこんなことはおきなかった」と言うので、蜂にさされた場合、1 回目に何ともなくても、2 回目、3 回目の方がより症状が重篤になることがあると説明しました。

　症状は落ち着いてきたのですが、アナフィラキシーショックの場合、一度落ち着いたように見えても再度発症する場合があるので、病院に運んで入院させて様子をみることにしました。空飛ぶドクターカーで病院に移送します。患者の体を一回タンカに移し替えて空飛ぶドクターカーまで運びます。空飛ぶドクターカーは後部で患者を寝かせて様々な処置ができるようになっています。

救急車を呼んで救急車がすぐ来てくれるのは都会の中心部だけです。田舎では救急車を呼んでもすぐには来ません。面積の割に消防署の絶対数が少なく、更に離れた場所に人が住んでいるために、どんなに急いでも30分以上かかる場所もたくさんあります。

　離れた一軒家に住んでいるような場合、そこにアクセスする道路は軽自動車一台がようやく通れるぐらいの道路であることがほとんどです。このような道には救急車は入って行くことはできません。軽自動車があったとしても、よほど運転に慣れていないと速度を上げることができません。どうしても病人のところに到着するのが遅くなります。かといってドクターヘリが使えるかというとそうでもありません。

　ドクターヘリは離着陸にかなり広い場所が必要です。現在のドクターヘリの運用では患者さんを救急車でランデブーポイントまで運び、ドクターヘリはランデブーポイントに着陸しそこで患者を診るという方式がほとんどです。

　このやり方では、救急車が先に到着して患者さんを運んでこなければならず、離れた一軒家に住んでいる場合には時間がかかります。

　そこで離れた一軒家には、地面を平らにして障害物が周りにない緊急用の着陸場所さえ作ってもらえば、空飛ぶドクターカーが着陸することができます。

　病気の種類によっても違いますが、治療を開始する時間が早ければ早いほど救命率は上がります。また、後遺症の可能性も減少します。

　その意味で空飛ぶドクターカーの存在は貴重です。

注：写真はイメージです。ストーリーとは関係ありません

空飛ぶ自動車学校

　今日は初めての空飛ぶクルマのレッスンです。今まで空飛ぶクルマの免許の座学を受けてきました。航空法、航空気象、無線通信など今まで全く触れたことのない新しい世界と全く聞いたことがない単語を理解するのにかなり苦戦しました。航空特殊無線技士の資格も必要です。一応座学は終わり模擬試験でもそこそこ良い点は取れたために、いよいよ実技の練習に進みます。

写真提供：AIR

教官「こんにちは。いよいよ今日から空飛ぶクルマの運転の練習を行います。宜しくお願いします」

学生「こちらこそ宜しくお願いします」

教官「では、空飛ぶクルマに乗ってみましょう。キャノピーをクローズしたらシートベルトを締めてください」

学生「はい、締めました」

教官「空飛ぶクルマは、コンピュータが正常に働いているうちは、運転は簡単です。また実際に外を飛行するときは、人間が直接操縦するというよりもボタンを押してコンピュータに操作をさせて、人間はそれを監視します。大変なのはコンピュータの姿勢安定装置が壊れて、人間が直接姿勢をコントロールしなければいけなくなったときです。このような状態でも正しく操縦しないと、空飛ぶクルマは墜落してしまいます。もう一つ大変なのが、様々な緊急事態です。幾らチェックリストがあるとはいえ、緊急事態に正しく対処しなければ、これも空飛ぶクルマは墜落してしまいます。では最初に上空でのコントロールスティックの使いかたについて勉強してみましょう」

学生「お願いします」

教官「ペデスタルの前にコントロールスティックがあります。このコントロールスティック
　　を前に倒すと空飛ぶクルマは前進し、どんどん速度を上げていきます。そこで手を離す
　　とそのときの速度を維持して前進します」
学生「はい」

教官「では今度はコントロールスティックを手前に引いてみてください。今度は減速します。
　　大きく引けば引くほど急に速度が減少します。ただし一番減速しても前進速度がゼロに
　　なるだけです。後進するためには、スイッチを押して後進に切り替えなければなりませ
　　ん」

教官「コントロールスティックを左に倒してください。機体は左方向に横に進みます」
教官「コントロールスティックを右に倒すと、機体は右方向に横に進みます。スティックを
　　倒したままだと横方向への移動速度がどんどん上がります。コントロールスティックか
　　ら手を離すと、そのときの速度を維持したまま横に進行します。横方向への速度を減ら
　　すためにはコントロールスティックを逆方向に動かしてください」

教官「次にコントロールスティックを右にねじると、機体の向きが右に変わります。コント
　　ロールスティックを左にねじると、左に機体の向きが変わります」

教官「左手に車のサイドブレーキのようなレバーがあります。このレバーを少しだけ上に引
　　いてください。そうすると上に上昇します」

学生「このレバーですか？」

教官「そうです。そのレバーをそっと上に引いてください」
教官「同じように、そのレバーを少しだけ下に下げてください。そうすると、下に降下しま
　　す。レバーの位置を大きく動かせば動かすほど、上昇率あるいは降下率が、大きくなり
　　ます。ただし、地面近くで大きな降下率にすると危険なので、地面に近くなればなるほ
　　ど降下率が小さくなるようにコントロールされます」
教官「どうです、基本は簡単でしょう」
学生「言葉で聞くと簡単そうですが、体が上手く反応できるようになるまでには時間がかか
　　りそうです」
教官「最初はとまどうと思いますが、すぐに慣れるので安心してください」

注：写真はイメージです。ストーリーとは関係ありません

空の移動革命に向けたロードマップ

　定期的に「空の移動革命に向けた官民協議会」が開催されています。2022年3月18日に開催された会議で、空の移動革命に向けたロードマップが発表されました。

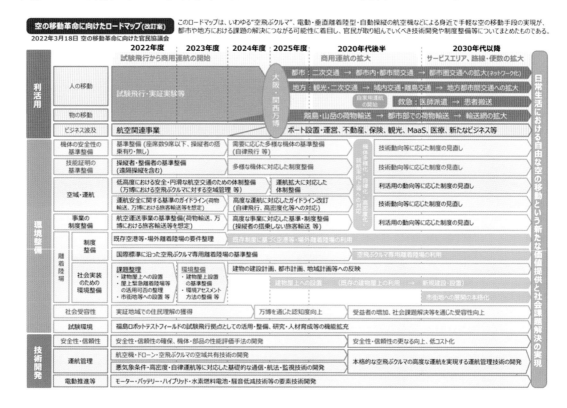

　ロードマップによると、政府は商用化に向けて、2024年3月末までに機体の安全性基準や離着陸場の条件など制度面を整備し、事業者の積極参入を促し、2024年頃に荷物輸送の実用化を目指すとされています。更には2025年の国際博覧会（大阪・関西万博）では、空飛ぶクルマによる人の輸送を目指しています。万博会場と周辺の空港や大阪市内などを結ぶ8つの路線を候補とし、1時間20便程度の運航を目指しています。

　空飛ぶクルマが空を飛び回る時代は、目の前まできています。空飛ぶクルマはメーカーだけのものではありません。地図、管制システム、衝突防止システム、操縦装置、空飛ぶタクシー、空飛ぶ宅配便、と関連する産業は多岐にわたります。空飛ぶクルマはものすごいビジネスチャンスになります。

　今後、空飛ぶクルマは貨物の輸送、救急、警察等の緊急用、有償での旅客輸送、自家用の順で使われていくものと思われます。この新しい産業革命とも言える空飛ぶクルマのビジネスに参入するかしないかは、縮小していく日本経済の中で生き残りをかけた決断となるかも知れません。

交通機関は、最初は小さく生まれても非常に大きく発展するビジネスです。日本で最初に自動車が走ったのは、1896年（明治29年）十文字信介が自動車を輸入して皇居前で走らせたのが最初だと言われています。1964年の東京オリンピックに合わせて首都高速道路が作られたのですが、このときの想定は、一日1万台の自動車が走るというものでした。2021年のゴールデンウィークには1日76万台の自動車が首都高速道路を走りました。現在では、日本国内で年間900万台以上の自動車が作られ、日本国内で販売される新車の数が年間420万台を超えています。

　人間の「今まで行けないところに行けるようになりたい」「今までより所要時間を短くしたい」という欲求には限りがありません。新たな交通機関は、社会の構造を大きく変えます。空飛ぶクルマは日本の社会生活や産業構造を大きく変える可能性があります。
　空飛ぶクルマは、ジェームスワットの蒸気機関の発明や印刷術の発明に匹敵するような大発明かもしれません。

Predicted market size of flying cars

(In billions of dollars)
■China　■U.S.　■Europe　■Rest of the world

出典：NIKKEI Asia：Source Morgan Stanley

　上の図は、将来の空飛ぶクルマの市場規模の予想を表しています。2040年には、全世界で1兆4,000億ドルの市場規模になると予想しています。

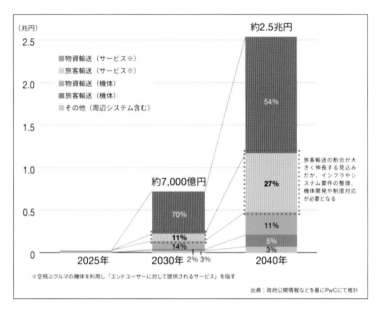

出所：PwCコンサルティング合同会社「"空飛ぶクルマ"の産業形成に向けて一地域での産業形成の核となる「インテグレーター」への期待一」（2020年12月16日）（6P）
https://www.pwc.com/jp/ja/knowledge/thoughtleadership/2020/assets/pdf/flying-car.pdf

出典：特許庁ニーズ即応型技術動向調査「空飛ぶクルマ」

　上記の資料によると、日本国内でも、空飛ぶクルマの市場規模は、2030年には貨物輸送を中心として7,000億円規模、2040年には約2.5兆円の市場になると予想されています。

　日本自動車販売協会連合会の資料によると、2021年度の国内新車販売台数（軽自動車を含む）は、421万5,826台となっています。420万台の自動車のうちわずか3%が空飛ぶクルマに置き換わるとしても、年間126,000台の空飛ぶクルマが生まれます。

　更に製造だけではありません。空飛ぶクルマの販売会社、空飛ぶクルマの整備会社、空飛ぶタクシー、空飛ぶ宅配便、空飛ぶ自動車学校、と直接空飛ぶクルマに関わるビジネスだけでも非常に多岐にわたります。

　空飛ぶクルマには、専門の地図が必要となります。この地図は従来の地図とは全く違います。空飛ぶクルマ用の地図は生き物のように、どんどん変化する地図でなければなりません。

　空飛ぶクルマは、単に空が飛べればいいだけではありません。空飛ぶクルマの台数が少ないうちはさほど問題にはなりませんが、台数が増えてくると空飛ぶクルマの衝突事故が起こる可能性があります。空飛ぶクルマの衝突は、道路上での自動車の衝突よりもはるかに危険です。

　住宅街の上で空飛ぶクルマ同士が衝突すれば、住宅の上に空飛ぶクルマが降ってきます。このようなことは避けなければなりません。このため空飛ぶクルマに関しては、様々な耐空性の要件を課さなければなりません。衝突防止装置は絶対に必要な装置となります。現在飛行機には飛行機用の衝突防止システムは出来上がっています。しかしながら空飛ぶクルマの動きは飛行機の動きとは全く違います。また、空飛ぶクルマの台数を、飛行機用の衝突防止

システムではまかないきれません。空飛ぶクルマには空飛ぶクルマ専用の衝突防止システムが必要となります。

　空飛ぶクルマの台数が増えてくれば、空飛ぶハイウェイについて考えなければなりません。空飛ぶハイウェイは通常の高速道路と違い、走るべきレーンがしっかりと地面に描かれているわけではありません。上空に仮想のレーンを考えて、そのレーンの上を正しく飛ばなければなりません。レーンの間隔をどうするかは、一台一台の空飛ぶクルマの性能や衝突防止装置の性能、管制装置の性能などによります。空飛ぶハイウェイの設計、空域設定も非常に大きなビジネスチャンスとなります。

UAM(Urban Air Mobility:都市型エアモビリティ）

　NASA（National Aeronautics and Space Administration：アメリカ航空宇宙局）や FAA（Federal Aviation Administration：アメリカ連邦航空局）は様々なところで、UAM(Urban Air Mobility：都市型エアモビリティ)についての構想を述べています。UAM は、空飛ぶタクシーなどの運航を、まずは都市内で行おうという構想です。

出典：NASA/CR-2020-5001587
Urban Air Mobility Operational Concept (OpsCon) Passenger-Carrying Operations

上記の出版物の中で想定された空飛ぶタクシーの経路です。

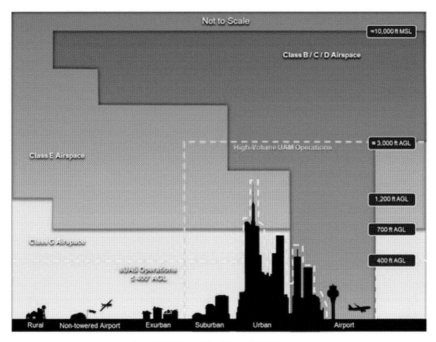

Figure 17: Future Notional UAM Airspace Design

出典：NASA/CR-2020-5001587

Urban Air Mobility Operational Concept (OpsCon) Passenger-Carrying Operations

　NASA が発表した、上記の資料によると、地上から 400 ft（約 120m）上空までは、UAS（Unmanned Aircraft Systems：無人航空機）の飛ぶ領域として、ドローンなどの無人航空機が飛ぶ領域と位置づけています。UAM、都市型エアモビリティとしての空飛ぶタクシーなどは UAS が飛ぶ上の空域、地上から 400ft から 3,000 ft 上までの間を飛ぶとしています。

UAM(Urban Air Mobility:アーバンエアモビリティ）

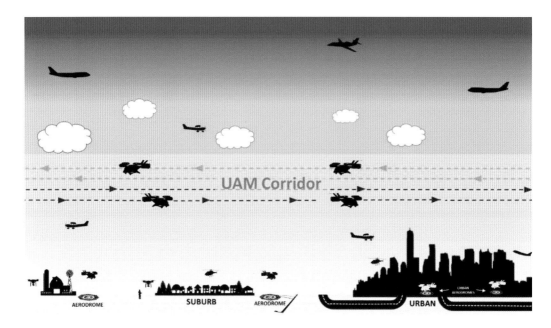

Figure 4-2: UAM Corridor with "Tracks"

出典：FAA Urban Air Mobility (UAM) Concept of Operation v1.0

FAA は、Urban Air Mobility concept of Operation を発行して、空飛ぶクルマが人口が密集した都市部を飛行できるようにする概念を UAM(Urban Air Mobility:アーバンエアモビリティ)と定義しています。

FAA は、Urban Air Mobility concept of Operation の中で UAM コリドーを提唱しています。これは、回廊のように空飛ぶタクシーが飛ぶ道を決めてしまおうという考えです。

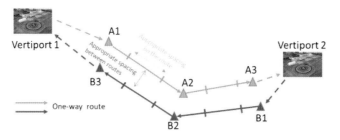

The level of these routes should be assessed carefully in such environment because if the routes are defined at very low level, the air risk will be lower (less manned aircraft), but the ground risk will be higher (obstacles), and if the route is defined at higher level, the air risk increases (more aircraft) but the ground risk is reduced. This is the air–ground risk interaction principle illustrated in Figure 11, which should allow to agree on a compromise on the best choice in terms of level definition for such operations with manned VTOL-capable aircraft in this operational environment.

EASA　　Notice of Proposed Amendment 2022-06 より抜粋

　EU（European Union：欧州連合）の EASA（European Aviation Safety Agency：欧州航空安全機関）は、同じコリドーでも行きと帰りで別の経路を飛行するとしています。

　NASA や FAA は UAM で十分な実績が上がれば、AAM(Advanced Air Mobility：アドバンスド　エアー　モビリティ)として、更に拡大したエリアを空飛ぶクルマが飛行できるようにしたいと考えています。
　これは都市と郊外を結んだり、郊外と郊外を結んだりする飛行です。

　EASA では、UAM という概念は、都市内を飛行するというだけではなく、都市部を飛行するという概念と、都市部と人口が少ない地域との飛行という二つの概念を統合しています。また EASA では、拡大したエリアで空飛ぶクルマが飛行できる概念を IAM(Innovative Air Mobility：イノベーティブ　エアー　モビリティ)と定義しています。

　渋滞を避けて、素早く目的地に着けるのが最大のメリットですが都市内の需要は限られています。UAM は空飛ぶクルマの序章にしか過ぎません。

　空飛ぶクルマが本当に力を発揮するのが、AAM 又は IAM という概念です。この概念が導入されると、ほぼ全ての場所に飛ぶことができます。

　山間部や離島が多い、日本にとって、空飛ぶクルマが飛ぶようになると、人の移動、物の移動が今までに比べてはるかにたやすくなります。自由な場所に住めて空飛ぶクルマで移動できるとなると、都市の過密化、地方の過疎化、道路を維持する膨大なコスト等様々な問題が解決されます。

写真提供：Airbus　CityAirbus NextGen

空飛ぶクルマと飛行機の違い

空飛ぶクルマと飛行機の最大の違いは、飛行する方向です。飛行機は必ず前に進まなくてはなりません。飛行機は前進することで翼に空気が流れ、それによって揚力を得て飛んでいます。飛行機は前進速度が遅くなると、失速して墜落してしまいます。

これに対して空飛ぶクルマは、離着陸時はブレードを回転させて浮力を得ています。そのため、空中での停止、後進、横方向への飛行、垂直上昇、垂直降下ができます。

空飛ぶクルマと飛行機の大きな違いが、離着陸する場所です。旅客機はかなりの長さの滑走路が必要です。空港を作るのには、広大な土地が必要になります。そのため空港は都市の中心から離れた場所に作られることがほとんどです。街から空港まで行くのに1時間もかかるようでは、せっかくの旅客機の速度を生かしきれていません。

これに対して、空飛ぶクルマでは街の主要部から離発着できるので、街の中や、近くの都市への飛行では、所要時間を大幅に短縮できます。

空飛ぶクルマとヘリコプターの違い

EUで飛行機の耐空性の承認を行っているEASAでは、ヘリコプターを「実質的に垂直軸上にある最大2つの動力駆動ローターによって主に支持される空気より重い航空機」と定義しようとしています。

最大2軸までで、前進、後進、左進、右進をコントロールするためには、ローターが一周する間に、ローターのピッチ角が変わることでコントロールしなければなりません。このために、ヘリコプターは非常に複雑な機構を持っています。また構成している部品の一つが壊れただけで墜落してしまいます。

ほとんどのヘリコプターは、一つの巨大なローターを回して飛んでいます。空中での停止、後進、横方向への飛行、垂直上昇、垂直降下ができるのは空飛ぶクルマもヘリコプターも同じですが、ヘリコプターは、ローターが回転する反力で、機体が逆に回転します。

そこで、テイルローターを回転させて機体が回転するのを打ち消しています。

このテイルローターに関する部品が一つ壊れただけでも、ヘリコプターは墜落してしまいます。そのため一つ一つの部品が非常に高価になりますし、短い間隔で点検しなければなりません。大型ヘリコプターの可動部品は数千点に及ぶと言われています。機体の価格も非常に高くなり、整備費も高くなります。

写真はヘリコプターのブレードの付け根部分の写真です。この写真から判るように幾つもの部品が組み合わさり非常に複雑な形状をしています。また一つの仕事を複数の部品が受け持って一つが破断しても安全に飛び続けられるという、フェールセーフ構造になっていません。ヘリコプターは部品一つ一つに非常に大きな力がかかります。また、たった一つの部品が壊れても

簡単に墜落します。更に軽量にも作らなくてはいけないために、一つ一つの部品の値段が非常に高価になります。一つの部品を交換するのに数十万円、数百万円かかることもざらにあります。機体全体の費用もかなり高額になります。

　これに対して、空飛ぶクルマでは、構成部品は、バッテリーとモーター、ブレードだけです。ブレードも回転している位置でブレードのピッチ角を変えるというような複雑な操作は必要ありません。ブレードの推力を変えたい場合にはモーターの回転数を変えます。複雑な部品は必要ありませんし、部品の数も少なくて済みます。このため一つ一つの部品の金額を抑えることができ、全体としての金額も安くなります。部品点数が少なく、構造が簡単なため整備費も大幅に安くなります。これらは直接運航コストに反映されます。
　空飛ぶクルマは、ヘリコプターに比べて大幅に安く乗れることになります。

　ヘリコプターが、それほど多く使われていない理由の第一が、その値段の高さにあります。機体の大きさなどで変わりますが、1時間飛ぶと数十万円の料金がかかります。決して運航会社が儲けているわけではなく、ヘリコプターにかかる経費が高すぎるのが理由です。

　比較的安価な小型の4人乗りのヘリコプター、ロビンソン R44 でさえ、格納庫の使用料、対空検査の費用、定期点検の費用、保険代と機体の値段以外に、月に100万円から200万円の費用が掛かります。これに加えてガソリン代、パイロットや整備士の給料がかかります。
　機種によっても違いますが事業用に使うヘリコプターは、保険料だけで毎年掛け捨てで5,000万円以上かかります。

　空飛ぶクルマはこれに比べて機体の値段が下がり、整備費が大幅に下がるために、かなり安く使えることになります。

　もう一つヘリコプターがそれほど多く使われていない理由が、街の主要部にヘリポートがないことです。ヘリポートがあってもそこまで行くのに時間がかかっては意味がありません。今後空飛ぶクルマは、かなりの数の空飛ぶクルマ用離着陸場（バーティポート）が街の主要部に設置されると思われます。

空飛ぶクルマの種類

　空飛ぶクルマにはまだ標準の形がありません。全世界で数百社が、様々な形の空飛ぶクルマを開発しています。搭乗人員数、航行速度、航続距離も様々なものがあります。

	Joby	Volocopter	Lilium	Ehang	SkyDrive
搭乗人員数	5 人	2 人	5 人	2 人	2 人
航行速度	322km/h	110km/h	300km/h	130km/h	100km/h
航続距離	241km	35km	300km	35km	約 50km
サービス開始年	2023 年	2〜3 年以内	2025 年	2020 年	2023 年

　三菱総合研究所　空飛ぶクルマという新規事業：空飛ぶクルマのサービスより抜粋

空飛ぶクルマは大きく分けて 3 つの方式があります。

1. 翼を持ちブレードの方向を変える方式
2. 浮上用のブレードの他に、推進用のブレードを持っている方式
3. 浮上用のブレードのみの方式

翼を持ちブレードの方向を変える方式

写真提供：Joby aviation

　上の写真は米国の Joby Aviation の空飛ぶクルマです。離着陸は全てのブレードを上に向けて回転させて浮力を作り出します。上空に上がったらブレードの向きを変えて、ブレードは推進力を作り出し、翼が作り出す揚力によって浮かびます。

写真提供：Vertical Aerospace

　上の写真は、Vertical Aerospace 社の空飛ぶクルマです。翼を持ち、翼の後方には垂直離着陸用の上向きのブレードが４つ付いています。翼の前方には、方向を変えられる４枚のブレードが付いています。離着陸時は全てのブレードが上を向いて下方に空気を送って上向きの力を得ます。

　上空に上がると前のブレードの方向を前向きに変えて、前進推力として速度を上げて、翼が揚力を出すようになります。このときに翼の後方のブレードは、流れ方向に向いて停止します。後は、飛行機と同じように飛ぶことができます。

翼を使えば浮く力をすべてブレードが生み出す方式に比べて、五分の一程度しかエネルギーを使いません。

　その代わり翼の分だけ横に長くなり、尾翼を付けるために胴体の長さを長くする必要があるため、機体全体が、大きくなります。駐機スペース、運用に制限が生じます。

　ブレードの方向を変える方式は、垂直上昇から前進に移るときと、前進から垂直降下に移るときに不安定になる領域があります。不安定領域で操縦を誤ると、翼は十分な揚力を作り出せず、ブレードは浮く力を作り出せない状態となって墜落します。

　人間の経験と技量だけに頼った方式はいつか破綻します。翼を持ちブレードの方向を変える方式の空飛ぶクルマを安全に飛ばすためには、垂直飛行と水平飛行の移行段階でコンピュータによるアシストが不可欠です。

浮上用のブレードの他に、推進用のブレードを持っている方式

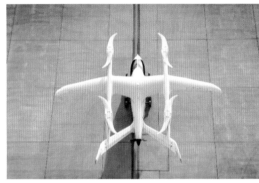

写真提供：BETA TECHNOLOGIES

　写真の空飛ぶクルマは、BETA TECHNOLOGIES の ALIA-250c です。機体の上に４つの浮上用のブレードがあり、これにより垂直離着陸ができます。機体の後方には推進用のブレードがあります。浮上用のブレードの他に推進用のブレードを持っている方式です。この形の最大のメリットは高速化です。前後のブレードの回転数を変えて前進する方式では、ブレードを傾ける角度に制限があります。揚力の斜め成分に限りが出るため最大速度を上げることができません。推進用のブレードを別に持てば速度を上げることができます。また浮力を、翼の揚力に頼るために、バッテリーの消費を抑えることができ、航続距離が長くなります。ALIA-250c の場合、航続距離は 463 km になります。

浮上用のブレードのみの方式

写真提供：AIR

　浮上用のブレードのみの方式の空飛ぶクルマは、各々のブレードの回転数を変えることで、進行方向を変えたり、方向を変えたりします。

　空飛ぶクルマの形の中では、一番、速度が遅く、航続距離が短い形です。大きさをコンパクトにでき大規模なバーティポートが必要ないため、都市間内や都市と近郊を結ぶのに使われます。

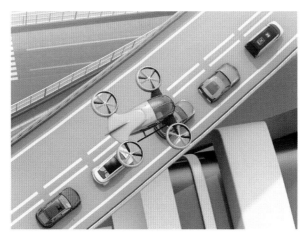

浮上用のブレードのみの方式の空飛ぶクルマの飛行原理

　浮上用のブレードのみの方式の空飛ぶクルマの飛行原理について説明します。

まずは翼の原理です。

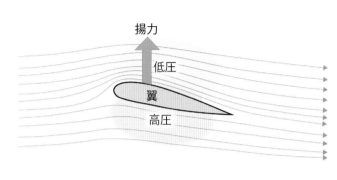

　図のような断面の翼を高速で空気の中を移動させると、上面ではより長い経路を空気が通らなくてはならず、空気は加速します。このため翼の上面では空気の圧力が低下します。一方、翼の下面では空気の流れは減速します。このため翼の下面は高圧となります。

　上下の圧力差により翼には上方への力が働きます。これが揚力です。

　飛行機では固定された翼が空気の中を一定以上の速度で動くことにより揚力を得ています。空飛ぶクルマは、ブレードを回転させることで揚力を得ています。

　ヘリコプターのブレードを回転させると、機体はブレードとは逆の方向に回転しようとします。ヘリコプターでは通常尾部にテイルローターを横向きに付け、横向きに風を送り出すことで、機体が回転するのを防いでいます。

　空飛ぶクルマでは4枚のブレードを隣り合った物が、回転方向が逆になるように配置します。これにより各ブレードに働く作用、反作用の力を打ち消しています。ヘリコプターと違って空飛ぶクルマにはテイルローターは必要ありません。

　全てのブレードの回転数を速くすると、空飛ぶクルマは上昇します。

　全てのブレードの回転数を遅くすると空飛ぶクルマは降下します。

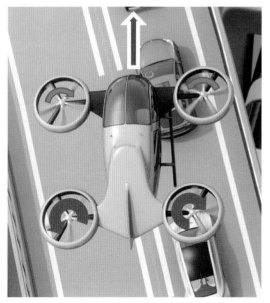

　前方のブレードの回転数を遅くして、後方のブレードの回転数を速くすると空飛ぶクルマは前進します。

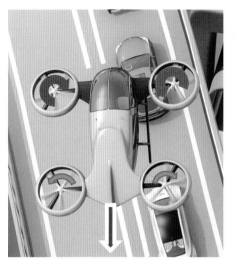

　逆に前方のブレードの回転数を速くして、後方の
ブレードの回転数を遅くすると空飛ぶクルマは後進
します。

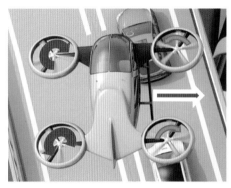

　機体の左側のブレードの回転数を速くし、機体の
右側のブレードの回転数を遅くすると機体は右に進
みます。

　逆に機体の右側のブレードの回転数を速くし、左
側のブレードの回転数を遅くすると機体は左に進み
ます。

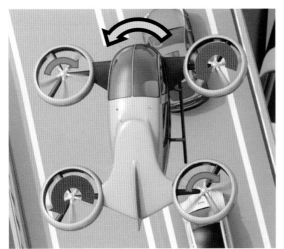

自分が旋回したい方向に向かって回転しているブレードの回転数を速くし、旋回したい方向と反対方向に回っている、ブレードの回転数を遅くすることによって、旋回して方向を変えることができます。図では反時計回りに回転しているブレードの回転数を速くし、時計回りに回転しているブレードの回転数を遅くすることで、機体全体が反時計回りに向きを変えます。

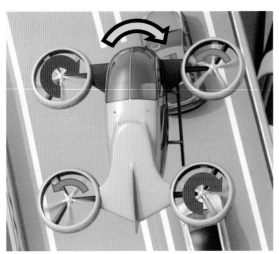

逆方向に旋回する場合も同じで、図では時計回りに回転しているブレードの回転数を速くし、反時計回りに回転しているブレードの回転数を遅くすることで、機体全体が時計回りに向きを変えます。

二重系統

　空飛ぶクルマが安全に飛ぶためにはバッテリー、モーター、ブレードが最低でも二重になっていなければなりません。系統を二重にするためには、幾つかの方法があります。

写真提供：Joby Aviation

　上の図は Joby Aviation の空飛ぶクルマです。機体に近い 2 組のブレードと反対側の機体から遠いブレードを組み合わせてバランスを取ることができます。

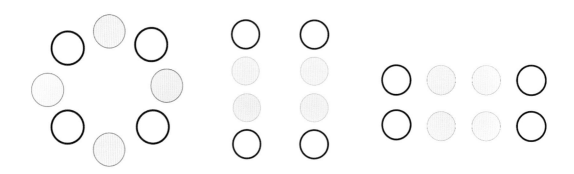

　幾つかのブレードを配置し、それとずれた形でもう一つの系統にもブレードを配置する形です。ブレードを多数配置する方式は、世界中のメーカーで、様々な配置が考えられています。

　どのような配置方式をとるにしろ、バッテリーとモーターの系統を少なくとも二重以上の多重系統にしておくことが望まれます。

　多重系統では、火災や爆発、衝突などにより、全ての系統が同時に駄目になるのを防ぐため、それぞれの系統が独立したバッテリーを持たなければなりません。

　また、制御用のコンピュータも少なくとも2台持ち、切り替えて使えなければなりません。

　さらに、一つの系統のバッテリーと一台のコンピュータを機体の前下方に設置したら、もう一つの系統のバッテリーともう一台のコンピュータを機体の後上方に設置するというように、なるべく離して設置しなければなりません。

空飛ぶクルマに使われる様々な情報

空飛ぶクルマの位置

空飛ぶクルマでは、その位置情報は GPS から得ます。

空飛ぶクルマの飛ぶ高度

高度の単位

現在日本やアメリカ、ヨーロッパなどの航空機は高度の単位にフィートを使っています。1 フィートは 30.48 cm です。

フィートを使うと飛行機同士の垂直間隔が設定しやすいことによります。すべての飛行方式がフィートで設定されているために、もしこれを今からメートルに変えようとすると、航空図の改訂から、飛行方式の改訂とものすごい作業が発生します。

またフィートとメートルが混在する時期を作ってしまうと、間違いが起こり事故の元となります。飛行機の高度はこれからもフィートが使われます。

XPLANE11 より

飛行機がフィートを使っている以上、空飛ぶクルマも高度の単位としてフィートを使わなければなりません。空飛ぶクルマが別の単位を使うと、飛行機やヘリコプターと空飛ぶクルマの飛ぶ高さがずれて衝突の可能性が出てきます。空飛ぶクルマの地図や電子地図も障害物の高さはフィートで表したものを使う必要があります。

飛行機や回転翼航空機が飛ぶべき高度とは、平均海面からの気圧で測った高さのことです。

平均海面とは聞き慣れない言葉です。海には満潮、干潮があって海面は高くなったり低くなったりします。24 時間に二回ほど満潮があり一日二回ほど干潮があります。同じ満潮でも、月の位置によって海面の高さが変わります。大潮のときには干潮、満潮の海面の高さの差が大きくなりますし、小潮のときには干潮、満潮の海面の高さの差が小さくなります。平均海面とはこれらの海面の動きを平均にならした仮想の海面の高さを言います。

飛行機の高度計が 3,500 フィートを指示していたら、そのときの飛行機が飛んでいる高さは、平均海面から 3,500 フィート上を飛んでいます。

高度計の補正

　高度計は、二つの補正をしなければなりません。一つは気圧による補正です。低気圧や高気圧が近づくとそれによって地上の空気の圧力も変わります。この地上の空気の圧力を補正してやらなければ高度計は正しい高度を示しません。

　高度計には気圧補正ノブがついていて、地上で測定した気圧補正値をセットできるようになっています。この気圧補正値は管制官が通報したり、ATIS という放送によりパイロットに伝えられます。

　注：気圧補正をしないと高度計では同じ高度を飛んでいても、低気圧にかかると低くなる。

　気圧補正のセットを忘れたり間違えたりすると、本来高度差があるはずの飛行機が、同じ高度を飛んで衝突することが起こり得ます。また山や障害物と高さの差があるつもりでも山や障害物に衝突することも起こり得ます。

　一台の空飛ぶクルマが間違った補正をするか、全く補正をしないで飛行した場合、衝突しないはずの空飛ぶクルマ同士又は空飛ぶクルマと飛行機の衝突が起こり得ます。

　従来パイロットは管制機関に自分が飛んでいる場所の気圧補正値を無線で聞いて、手動で気圧補正を行っていました。空飛ぶクルマでは様々な場所から離着陸するために、離着陸する場所の地上の気圧を測ることができません。一番近い空港の気圧補正値を使うか、管制機関が定めたエリア一帯の気圧補正を使うことになります。

　最も望ましいのは、地上から何らかの形でこの高度計補正値を電波で送り、パイロットが何もしなくても、高度計が自動的に補正された後の正しい高度を示すようにする方法です。

気温による高度の変化

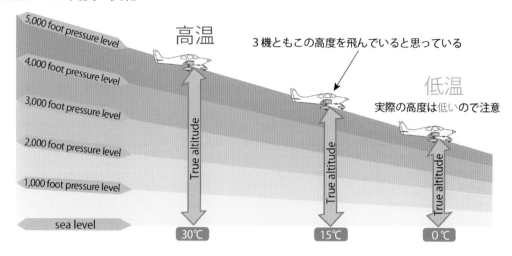

FAA　Pilot's Handbook of Aeronautical Knowledge　より翻案

注:高度計は気温による補正は行っていない。高温のところから低温のところに飛行すると、
　　高度計の示す高度よりも低い高度を飛ぶことになる。

　従来の GPS だけの場合には、衛星の飛ぶ高度が低いために、地上から見ると衛星は低い
角度の位置にいることがほとんどでした。このため GPS は水平方向には非常に高精度で位
置を特定することができましたが、高さ方向の精度が悪く GPS が表示する高度は実際の高
度とかなり差がありました。

　ところが準天頂衛星の「みちびき」は日本の上空を八の字軌道で飛行しているために、頭
の真上に近い位置に衛星が存在します。このため GPS が表示する高度が、かなり正確にな
っています。もし飛行機が飛んでいないとするならば、空飛ぶクルマの高度計はこの GPS
高度を表示した方がより正確になります。

　しかし、現在は多くの飛行機が、気圧を測定する高度計を使って飛んでいます。空飛ぶク
ルマも、同じ方法を使わないと、空飛ぶクルマと飛行機が衝突する可能性があります。

飛ぶべき高度

　日本において空飛ぶクルマがどの高度を飛ぶべきかについては、まだ決まっていません。

　離着陸時を除いて、日本では地表から 150m 以下、EU では地表から 400 ft（約 120m）以下は、主としてドローンなどの無人航空機が飛行する空域とされています。空飛ぶクルマは、離着陸時以外は地表から 150m より上の高度を飛ばなくてはなりません。

最低安全高度

　空飛ぶクルマは離着陸を除いて、最低安全高度以上の高度で飛ばなければなりません。有視界飛行方式により飛行する航空機の最低安全高度は次のように決められています。

航空機の最低安全高度（航空法施行規則第 174 条）

注：航空法第 81 条、航空法施行規則第 174 条

　離着陸時以外の最低安全高度（人や家屋の密集地 600m 以内の最も高い障害物の上 300m、その他の地域地表から 150m）以下の飛行は航空法で禁止されています。

　EASA や FAA が計画している UAM 都市型航空交通では、空飛ぶクルマの飛ぶべき高度はだいたい地表から 3,000 ft 以下の高度として、場合によって空飛ぶクルマが専用で飛べる、道と高度を定めてコリドーとして定義しようとしています。

　空飛ぶクルマも初期段階では UAM として都市の内部、若しくは都市の内部と外部をつなぐ飛行をしますが、やがて都市以外の地域を自由に飛び回れるときがくるかと思われます。

航空法が改訂されないかぎり、空飛ぶクルマも従来の飛行機やヘリコプターと同様に、航空法と、航空法施行規則に従って飛ぶこととなります。航空法では次のように定められています。

地表からある程度以上の高さを飛ぶ航空機が飛ぶべき高度は、有視界飛行方式であるか計器飛行方式であるかによって変わります。

有視界飛行方式で地表又は水面から900m（3,000ft）以上の高度で巡航する場合は、その経路の方向によって飛ぶべき高度が変わります。

離着陸と地表からごく近い高さを飛ぶ場合を除いて、磁針路、0°から179°までは**奇数×1,000 プラス500ft**を飛ぶことになっています。つまり磁針路、0°から179°までは3,500ft、5,500ft、7,500ftのような高度を飛ばなければなりません。

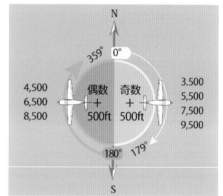

磁針路180°から359°までのコースを飛ぶ場合には飛行機は**偶数×1,000ft＋500ft**、つまり4,500ft、6,500ftのような高度を飛ばなければなりません。

空飛ぶクルマは、旅客機のように高々度を飛べるわけではありません。上空に上がると空飛ぶクルマの性能が悪くなります。ある高度以上には上がれなくなります。どの高度まで上がれるかは、重量、気温、気圧、気流などにより変わります。

空飛ぶクルマの操縦者は、飛行前にその日はどの高度まで上昇できるかを調べ、間違ってもその高度より高い高度で山越えしようなどと考えてはいけません。

空飛ぶクルマで使う距離

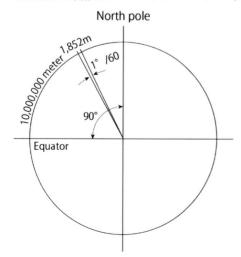

航空図の距離はノーティカルマイル（NM　海里）で表されています。飛行機の世界では非常に多くの物が船から引き継がれました。船で距離を測るときには、緯度1度の1/60つまり緯度1分に当たる距離を、距離の単位とした方が何かと便利でした。そのため船では、緯度1分に当たる距離をノーティカルマイルとして使っています。飛行機もこれにならって距離の単位はノーティカルマイルを使っています。

空飛ぶクルマの速度

船では昔から、1時間で1NMを進む速度を1ノット（kt）と定めて使っています。飛行機もこれを取り入れて、飛行機の飛ぶ速度はノットで表します。空飛ぶクルマの速度は、他の航空機と整合性を取るために、速度の単位はノット（kt）とすべきです。1ktは時速1.852kmになります。

XPLANE11 より

飛行機の場合、空気に対する速度が遅くなりすぎると、翼から空気が剥がれ、浮く力をなくして失速に陥ります。飛行機の場合、失速の危険性を判断し、機体にかかる空気圧を判断するのにはIAS指示対気速度（Indicated Air Speed）が最適でした。空飛ぶクルマは、上空で完全停止やバックができるために失速速度という概念はありません。

空飛ぶクルマ専用の計器であれば、従来の小型機用の計器とは全く違った考え方で作ることができます。

空飛ぶクルマの場合GPSを使った位置の変化や加速度センサーから簡単に地面に対する速度、グランドスピードを表示することができます。空飛ぶクルマの場合、速度計は空気に対する対気速度ではなく、地面に対する速度グランドスピードを表示する方が適切かもしれません。

ここで問題となるのが、既存の飛行機との整合性です。既存の飛行機は対気速度で飛んでいるため、管制官の指示も対気速度で出されます。グランドスピード表示で作られた計器では、それとは別に対気速度も表示しないと、管制官との情報のやり取りに食い違いが生じることがありえます。

空飛ぶクルマの方向

空飛ぶクルマの飛ぶべき方向は、磁方位で表されます。通常の地図のように北極点の方向、真北を起点にした測り方ではなく、地磁気の極点、磁北を起点にした測り方で、磁北を0度として、時計回りに360度の角度で方向を表します。

昔は、機体がどちらの方向に進んでいるかを測定する方法は方向磁石以外ありませんでした。

XPLANE11 より

唯一飛行機の上で測れたのが方向磁石による磁方位です。地上の磁界を測定して、現在飛行機がどの磁方位を向いているかを表示します。これがヘディングです。

飛行機はヘディングの方向に進むわけではありません。上空では必ず風が吹いています。飛行機はこの風に流されます。幾らヘディングが北を向いていても、強い東風が吹いていれば飛行機は風に

流されて北ではなく、北北西あるいは北西方向に飛行します。

ヘディングとトラック

　パイロットは常にこの風の影響を考えて、ヘディングをどちらに向けるか考えなくてはいけません。ところが実際に経路を飛ぶときに問題となるのは、どの方向を向いているかではなく、どの方向に飛んでいるかです。

　このどちらの方向に飛行しているかをトラックといいます。正しいトラックさえ飛行していればどのような風が吹こうと目的の方向に向かうことができます。新しい空飛ぶクルマ用の計器では、ヘディングではなくトラックをメインに表示した方が優れています。

空飛ぶクルマに装備すべき物

無線電話

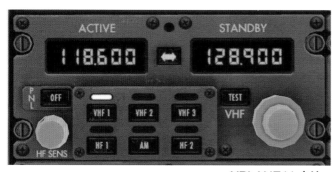

XPLANE11 より

　空には仕切りはないように見えますが、日本の空は、管制区、管制圏、訓練空域など細かく分かれています。各空域で必要な装備品や飛び方などが航空法施行規則や告示で定められています。航空法施行規則第146条で管制区又は管制圏を航行する場合は、いかなるときにおいても航空交通管制機関

と連絡することができる無線電話が必要と定められています。また情報圏又は民間訓練試験空域を航行する場合にも、いかなるときにおいても航空交通管制機関又は当該空域における他の航空機の航行に関する情報を提供する機関と連絡することができる無線電話が必要と定められています。

　もしこれらの空域を飛行する可能性がある場合には航空用の無線電話が必要となります。また、パイロットは航空無線通信士又は航空特殊無線技士の試験を受けて有効な免許証を持っている必要があります。

トランスポンダー

XPLANE11 より

　国土交通大臣が指定する空域を飛行する場合には、トランスポンダーが必要になります。トランスポンダーは、あらかじめパイロットが0から7までの数字四桁を機械にセットします。特定の航空機に対しては管制官が「SQUAWK2351」（ス

コーク　ツー　スリー　ファイブ　ワン）のようにセットする番号を指示します。管制官から指示をされなくても、緊急事態に陥った航空機は 7700、無線通信が通じなくなった航空機は 7600 というようにあらかじめ決められている番号もあります。

　地上のレーダーに付けられた装置から質問波が送られると、機上のトランスポンダーはセットされた数字を送るとともに、様々な情報を含めて応答します。送られたコードに基づい

て便名や高度、飛んでいる方向や速度がディスプレイ上に表示されます。管制官は表示された情報に基づいて飛行機同士が衝突しないように指示をだし、他の飛行機の情報を教えます。

　トランスポンダーの操作をするためにも航空無線通信士又は特殊無線技士の免許が必要です。

ADS-B

　Automatic Dependent Surveillance–Broadcast の略号です。航空機が GPS などの衛星測位システムを使用して位置を特定し、その位置や高度、速度、などを送信するシステムのことです。

救命胴衣

　航空法 62 条、航空法施行規則 150 条　洋上を飛行する場合、搭乗者全員の救命胴衣の配備及び着用について書かれています。空飛ぶタクシーで洋上を飛行する場合にはあらかじめ搭乗した全員が救命胴衣をつけて搭乗する必要があります。

緊急用フロート

XPLANE11 より

　空飛ぶタクシーのように有償で人を運ぶ場合には、緊急用フロートを装備しなければなりません。自家用で空飛ぶクルマを使う場合には、30 分以上飛行する距離又は 185 km のいずれか短い距離以上、陸岸から離れた水上を飛行する場合のみ緊急用フロートが必要となります。

フライトレコーダー、ボイスレコーダー

事故が起きた場合、事故原因の解析にはフライトレコーダーやボイスレコーダーが役に立ちます。これらがないと真の事故原因にたどりつけません。

フライトレコーダーやボイスレコーダーは事故の衝撃に耐えなければなりませんし、またその後の火災に備えて高熱にも数時間耐えなければなりません。

フライトレコーダーは探すのも大変ですし、損傷してデータが読めないこともあり得ます。理想的なのは、常時無線でデータを送信し、データは受信した地上で一定日時保管するという方式です。この方式では、万が一事故が起きた場合、直ちに救助隊を出すことができます。行方不明機を探す手間も省けます。現場でフライトレコーダーやボイスレコーダーを回収する手間も省けますし、解読不能となる確率も小さくなります。

衝突防止装置

衝突防止装置には以下のようなレベル分けが考えられます。

レベル0
衝突防止装置無し

レベル1
画像認識、レーザー光等により、他の機体や障害物を認識し、方向、高度、速度を変え、あるいは停止することにより、各機体単独で衝突を防止する装置

レベル2
海外で使用されている FLARM、TABS 等のように電波を使って衝突を防止する装置

（注：FLARM、TABS 等は 868 MHz、1090/978 MHz と日本では既に他用途で使用されている帯域の電波を使用しているため、日本で利用できる可能性は少ない）

レベル3
レベル1、レベル2に加え
各機体が定期的に送信する現在の情報と、将来の自機の情報
現在位置、速度、進路、高度、
10秒、30秒、1分、1分30秒後等の未来の位置、速度、進路、高度
を互いに参照し、相互に避ける方向と高度を通信し合う装置

レベル４

　レベル１、レベル２、レベル３に加え、コントロールセンターが、各機の進路、速度、高度を指示し相互間隔を確保する装置

　当面はレベル１、レベル２の開発を急ぎ、同時にレベル３の情報の交換方法、データのプロトコル、相互交信システムの研究開発を行う必要があります。将来空飛ぶクルマの交通量が増えた場合にはコントロールセンターが必要となると考えます。

　ただしこの方法では、データの遅延の問題を解決しなければなりません。

　また携帯電話などの現在あるインフラを使用すると、情報セキュリティ上の問題が発生します。幾ら暗号化をしても、シグナルの伝達経路の一部にでもインターネットが使われると、ハッキングの可能性があります。外部から偽の情報を送られると非常に危険です。

注：レベル２、レベル３は、衝突の危険性がある２台の空飛ぶクルマが、同一のシステムを
　　装備していなければならない

設計上の留意点

設計思想

　日本の物づくりでは、入れ物の大きさギリギリ一杯に、作ることが多いようです。自動車のエンジンルームを見ても、手が入る隙間さえないようにギリギリまで部品が詰め込まれていることがほとんどです。

　極端な例になるとプラグを一つ交換するのに、エンジンを下ろさないと交換できないような構造になっていたりします。

　空飛ぶクルマでこのような設計を行ってはいけません。空飛ぶクルマの胴体は単なる物を運ぶ容器です。将来的により大出力の新しいモーターや、効率のいいブレード、大容量のバッテリーが開発されるはずです。制御用のコンピュータや、フライト用の計器なども、どんどん新しいものができてきます。まず、空飛ぶクルマの中は、新たに大型になった機器を取付けるだけのスペース的余裕がなければなりません。

　更に空飛ぶクルマでは、その重心位置も重要になります。様々な機器をギリギリにつけてしまえば、物を動かして重心位置を調節することができません。更に重心位置をつり合わせても、慣性モーメントがあります。重心が同じ場所にあっても、重心付近に重い物がすべて集中している場合と、重心から離れた場所に重い物がある場合では、その慣性モーメントが大きく違います。空飛ぶクルマでは、この慣性モーメントにも気を配らなければなりません。

写真提供：航空自衛隊

51

航空自衛隊の戦闘機として使われた F-4 ファントムですが、1969 年に導入が決定された後、F-4EJ が 2021 年 3 月に全機退役するまで 50 年以上も使われ続けました。

　日本で開発された F-1 戦闘機は、ファントムが配備されるのよりもずっと遅く 1977 年に部隊配備が開始されました。しかしながら、ファントムよりもはるかに早く 2006 年 3 月 9 日に全機が退役しました。

　早期にリタイヤした理由の一つに、胴体内部の余裕度があります。F-4 ファントムは非常に大きな胴体だったため内部にかなりの余裕がありました。新型のレーダーや火器管制装置が開発されてもそれを取付けるだけの場所があり、部品の位置を調節して重心を調節したり、慣性モーメントを調節したりすることができました。

写真提供：航空自衛隊

　一方、F-1 戦闘機は、ギチギチに内部の部品が組み込まれていました。新型の装置が開発されても、従来の物より大きくなっていると、取り付ける場所がありません。また、位置をずらして重心や、慣性モーメントを調節する余裕もありません。そのため飛行機としては空を飛べても有利な戦いができなくなり、F-4 ファントムより後に配備されたにもかかわらず、F-4 ファントムよりも十数年以上前に全機退役ということになりました。

　空飛ぶクルマを開発するに当たっては、内部に余裕を持った設計を行わなければなりません。

整備性

昔アメリカでA7コルセアⅡという、対地攻撃機が作られました。

このA7は最初から整備性を考えて設計されました。対地攻撃というのは、地面近くまで降下していって、そこで機関銃で相手を攻撃し、爆弾を投下するのが任務です。そのため相手からの対空射撃の弾やミサイルの破片が当たりやすくなります。

A7では、最初から攻撃されて機械が壊れるのを前提に、ほとんどの部品がモジュール化され、壊れた部品はすぐ近くにある点検口を開けてモジュールごと新品に交換すれば、すぐに修理を終えて飛び立てるように設計されていました。

フライトコンピュータの冗長性

空飛ぶクルマでは、最終的な機体の安定と、その安定を保つためのコントロールはフライトコンピュータが行います。

このフライトコンピュータの作り方ですが、エアバス社のフライトコンピュータの作り方が参考になります。エアバス社の飛行機には操縦を行うフライトコンピュータが三台積まれています。

表向きは三台のフライトコンピュータに見えますが、実は一つのフライトコンピュータの中で三つの別々な計算が独立して行われています。

フライトコンピュータは一台ですが、その中で三つの独立したプログラムが同時に走っています。言い換えれば一つのフライトコンピュータの中に三台の小さな別のコンピュータがありその各々が別の計算をしているということになります。

一台のコンピュータの中で二つの計算はC言語で書かれたプログラムを使っています。しかしながら仕様書は一つでも全く違う別の会社が独立して作った全く別のプログラムです。

三つ目のプログラムにいたっては、使っている言語すら変えています。このようにして出した三つの計算結果から答え合わせをして出てきた結果を一台のコンピュータの出力としています。更に三台のコンピュータが出した値を使って舵面をコントロールしています。

耐空証明

　航空機の場合耐空証明を得なければ空を飛ぶことは許されません。同じように空飛ぶクルマも耐空証明を得る必要があります。この耐空証明は、空飛ぶクルマの設計や様々な仕様が規則に合致していてかつ、性能が規則に合致しているか実際にテストを行って全ての要件を満たしていて始めて発行されます。

　作った空飛ぶクルマを世界に売りたいと思えば、FAA か EASA の耐空証明をとることが必須となります。

耐空証明の取り方

　耐空証明や型式証明を、大学の入試のように捉えると大失敗をします。耐空証明はできあがった空飛ぶクルマを審査してもらうのではありません。耐空証明はコンセプトの段階から、FAA などの耐空証明を発行する人と話し合いながら共同作業で作っていくことにより発行されます。

　完成させてしまった空飛ぶクルマに対して、この部分が規定にあっていないと指摘されても、それを作り直すには、莫大な費用と時間がかかります。場合によっては、莫大な費用と時間をかけて作ったものの、全ての指摘事項を修正するのが、無理な場合もあり得ます。その場合、耐空証明は発行されません。

　コンセプトや設計初期の段階から、設計図をみてもらって、規定と相違する部分を指摘してもらい、製造のプロセスや、検査方法も一緒に考えてもらいながら作れば、耐空証明ははるかに取りやすくなります。その為にも、アメリカのメーカーと提携するか、アメリカに現地法人を作ることが近道となります。

部品の信頼性

　ICAO は部品の信頼性について以下のように考えています。

　重大な航空事故は 10 の 6 乗時間に 1 回起こる。
　航空事故のうちシステムの故障に起因するものはその十分の一程度である。
　故に重大なシステム故障は 10 の 7 乗時間に 1 回しか起きてはならない。
　一つの重大なシステム故障は、100 の部品の一つが故障したことにより起こる
　故に一つの重要な部品は 10 の 9 乗時間に 1 回しか故障してはならない。

10 の 9 乗時間は 10 億時間であり、おおよそ 11 万年です。部品の故障率が 10 のマイナス 9 乗ということは、11 万個の部品を 1 年間使い続けて、その中の 1 個だけが故障し、他の部品は正常に作動するということを意味します。

上記を守るために、航空機用の材料には厳しい規格があります。また、設計、製造、検査について厳しい規定があります。

FAA の耐空証明と部品の安全性

FAA の耐空証明を得たい場合は、空飛ぶクルマ全体としての安全性を審査されるのはもちろんですが、使用する部品一つ一つについて FAA（米国連邦航空局）の認可が必要です。設計から製造、検査の各段階において規定通りに作られ、飛行機の部品として使っていいと認定された部品以外の部品を使って空飛ぶクルマを作ることはできません。

認定を受けていない部品を使った場合、空飛ぶクルマ全体の耐空証明がおりません。

もし日本が製造した空飛ぶクルマを、世界に輸出しようと考えるのであれば、必ず認証システムについて熟知して、その規定に従って設計、製造、検査された部品を使うようにしなければなりません。

部品としての認可を得るためには、設計と製造の両方で認可を受けなければなりません。航空用材料としての規格にあった材料を使い、認定された方法で設計し、認定された方法で安全性を検証し、認定を受けた工場で、認定を受けた資格を持った人間が、認定を受けたプロセスで製造しなければなりません。さらには、認定を受けた資格を持った検査員が、認定を受けたプロセスで検査をして合格しなければ、空飛ぶクルマの部品として使用することはできません。上記をすべて満足するためには、規定どおりに製造や検査をするためのマニュアルやその他のドキュメントを作り、製造や検査をする人間を訓練し、検査方法を確立しなければなりません。

日本の企業が単独で、主要な部品について FAA の製造認定を受けようとしても、殆ど認定を受けることができません。FAA の認定を受けるためにはアメリカの企業と提携するのが近道です。

規定とプロセスで安全性を担保する

欧米諸国では、規定をしっかり作り、その規定通りにプロセスを進めることで安全性が担保できるという考え方が当たり前になっています。

このため非営利で様々な規定を策定する団体があります。私が昔その中のコックピットの仕様を決める分科会に参加していた SAE（Society of Automotive Engineers）、RTCA（Radio Technical Commission for Aeronautics）、など様々な団体が存在します。これらの団体はいくつもの分科会に分かれ、各分科会には FAA や NASA、メーカー、航空会社、大学などから非常に多くの人が参加しています。

　この会議体の中で、様々なことが検討され、検討した結果が文章として発行されます。FAA や EU はこの文章を承認する形で、それを自分たちの規則に取り込んでいきます。

耐空性の規定の作り方

　アメリカの連邦規則は CFR（Cord of Federal Register）に規定されています。CFR14 が連邦航空規則に当たります。日本の航空法、航空法施行令、航空法施行規則を合わせたものと言えます。CFR14 は幾つかの Part に別れています。

　このうち Part21 が Certification Procedures for Products and Articles

　Part 23 が Airworthiness Standards Normal Category Airplanes となっていて、小型の空飛ぶクルマの耐空性が規定されています。

　特に eVTOL の規定は、CFR14 Part23 Ammendment64 で規定されています。

　公的な耐空性の規定は EASA や FAA が発行しますが、これらの規定を FAA が独自に作っているわけではありません。

　2017 年から FAA は、小型機の耐空性を定める Part23 における耐空証明の規定を大幅に変更しました。従来は Part23 に非常に細かく要件を記載していたのですが、2017 年以降 Part23 には基本的なことしか書かず、この規定と、

　SAE（Society of Automotive Engineers）

　ASTM（American Society for Testing and Materials）

　RTCA（Radio Technical Commission for Aeronautics）

　EURO CAE（European Organization for Civil Aviation Equipment）

　ISO（International Organization for Standardization）

などの非営利団体が出している様々な規定を守ることで、耐空証明が得られるとしました。

　FAA には、ARAC（Aviation Rulemaking Advisory Committee：航空規則制定諮問委員会）という常設の委員会が設けられています。さらにはテーマごとに設置される ARC（Advisory and Rulemaking Committees：航空規則制定委員会）があります。

ARC に先ほど述べた SAE、ASTM、RTCA などが、自分たちが策定したドキュメントを提出し ARC が承認すれば、FAA はアドバイザリーサーキュラーを出して、その文章を自分たちの規則に取り込みます。

FAA が最終的に出した、CFR の Part23 とアドバイザリーサーキュラーで認めた、諸団体が出している規定に適合すれば、耐空証明は得られるはずですが、FAA の最終承認が出るまでにはかなり時間がかかります。SAE や RTCA が出している文章を読めばあらかじめ方向性がわかります。さらに言えば、出てきた文章を読むだけよりも、自分が委員会のメンバーとなり、どのような話がなされたのかを知っていれば、文章の意味を読み誤ることがありません。

国際レギュレーションの策定への参加

空飛ぶクルマに関する様々なルールづくりはもう始まっています。既に日本からも幾つかの会議体に参加している人もいます。

私はかつて SAE-S7 というコックピットの仕様を決めるための会議に参加していました。この会議は法的な拘束力はないのですが、ボーイング、エアバスといった航空機メーカー、FAA、NASA といったような国の機関、計器を作るメーカーの代表、様々なエアラインのパイロットの代表というように、各部門のしかもそれなりに責任ある立場の人間が参加していました。
FAA や EASA は SAE が作成したドキュメントに準拠して規則を制定していました。FAA と EASA が準拠しているのですから、結果として ICAO の規則にもなっていきます。SAE が出したドキュメントは法的な拘束力はないにもかかわらず、実質的に世界の規則になっていくという会議体でした。

SAE-S7 に出席して一番感じたのが、様々な機関の代表は自分の専門分野に関して 10 年 15 年とこの会議体に出続けている人間が多いということです。更に彼らは SAE-S7 だけでなく、ICAO のパネルや、他の様々な会議体にも出席していました。

日本では会社も官庁も数年たつと部署が変わる人がかなりいます。国際的な会議体も部署からの代表として出席しているので、人が変わると会議体に参加する人間も変わってしまいます。このためせっかく参加していても、過去の経緯もわからず、ドキュメントの策定プロセスもわからないため、発言権はかなり弱くなります。

日本が、国際的なレギュレーション策定の場に積極的に参加するためには、参加する人間を固定して長期の間変えないことが重要です。そのためには官庁や、社内の部署が変わっても同じ人を派遣し続ける体制づくりが必要になります。

日本から様々な形で、空飛ぶクルマのレギュレーションを作り出す委員会に人を派遣していることは、将来的に非常に有利になります。ルールが作られる前から、世界の動向を知ることができます。ルールが発行されてからそれに対応するのに比べて、時間的なアドバンテージが発生します。また会議の合間に様々な情報を収集することができます。

日本がこれからも物造りで国を成り立たせていくためには、レギュレーションをひたすら守るだけではなく、レギュレーションを作り出す側に回らなければなりません。

耐空性の規定

耐空性の規定は ICAO Annex 8 - Airworthiness of Aircraft とその下部規定である ICAO Doc 9760 （Airworthiness Manual）です。しかしながら ICAO Annex8 にはまだ、VTOL に関する規定がありません。

	**SPECIAL CONDITION** **Vertical Take-Off and Landing (VTOL)** **Aircraft**	Doc. No: SC-VTOL-01 Issue: 1 Date: 2 July 2019
	Third Publication of Proposed Means of Compliance with the Special Condition VTOL	Doc. No: MOC-3 SC-VTOL Issue: 1 Date: 29 June 2022

出典：EASA

ヨーロッパにおいては、航空機、エンジン、プロペラ及び部品の新規の型式証明と設計関連の耐空性を承認する機関である、EASA（European Union Aviation Safety Agency：欧州航空安全機関）が Special Condition of small-category VTOL aircraft (Doc: SC-VTOL)を発行し、その内容を次々と改訂しています。更に Means of Compliance with the Special Condition VTOL(Doc:MOC-1,2,3 SC-VTOL)を発行し、実際のインプリメンテーションをどのように行うのかを規定しています。

　これらの規定を満足することにより、耐空証明書、型式証明書、制限付き型式証明書、環境適応証明が発行されることになります。

型式証明

　空飛ぶクルマの耐空性を調べる上で、一台一台設計が合っているか調べ、更には実際にフライトチェックを行って性能を調べるのは大変です。そこでFAAやEASA、国土交通省は型式証明を発行します。ある特定の空飛ぶクルマが型式証明を得られれば、同じ形の空飛ぶクルマの耐空証明を得る手続が大幅に簡略化されます。

ブレード

写真提供：Joby Aviation

　一般的にブレードは、アルミ、チタン、炭素繊維などの複合素材で作られます。

　このブレードは、取付け部や根元に一番大きな応力がかかります。その取付け部や根元に傷やひび割れがあるとその部分から破断することがあります。飛行前には、取付け部や根元に傷やひびがないことを確認しなければなりません。

　複合素材で作られたブレードには大きな問題があります。

　アルミなどの金属の場合、何かにぶつかって無理な力が加わると部材が変形します。このために何かが衝突したことが、すぐにわかります。

　複合部材に何かが当たると、層間剥離や中の繊維が切れて強度がなくなったとしても、加わった力が除かれると複合部材はまた元の形に戻ってしまいます。形は戻っても層間剥離や内部の繊維が切れているために既に強度はありません。内部の繊維が切れた複合材を使うと、その部分から破壊を起こすことがあります。複合素材でできたブレードの検査は非常に重要です。

ブレードの長さ

　ヘリコプターのローターのように、幅が狭く長さが長いブレードは、回転するときの遠心力で形を保っています。幅が狭く長いブレードは、モーターの故障や電源の喪失で回転数が落ちた場合にはブレードが途中で折れたり、あるいはヒンジ部分に過大な力がかかって、あたかも風が強い日のビニール傘のように上方に折れ曲がってしまうことがありえます。ブレードの幅と長さ、かかる応力については十分な検証が必要です。

ブレードの長さはあまり長くなりすぎないように注意すべきです。

騒音

空飛ぶクルマで問題となるのはその騒音です。ヘリコプターでは単純な長方形のローターで、ほとんどの機体が単一ローターですので、バタバタという騒音を軽減する方法がありません。これに対して空飛ぶクルマの騒音はモーターが発生する音と、ブレードが発生する音になります。モーターは近年の技術の発達により非常に静かなモーターができています。

提供：Joby Aviation

上の図は、様々な飛行機やヘリコプターの騒音を表したものです。

上下の幅が騒音の大きさ、左右が周波数を表しています。左から単発プロペラ機のSR22、双発プロペラ機の BARON、小型のヘリコプターR44、中型のヘリコプター206、大型のヘリコプターAW109、一番右が Joby の空飛ぶクルマ Joby S4 です。この図からわかるように、Joby S4 の騒音が一番小さくなっています。

写真提供：Joby Aviation

Joby S4 では、高トルクモーターを使って、比較的大型のブレードを低い回転数で回しています。そのためブレードの先端速度が小さくなります。根元を太く先端にいくに従って細くしています。先端が後ろに向かって曲がっています。さらにはブレード先端の角度を下に向けて騒音を小さくしています。

ブレードの出す音の周波数は、その回転数により変化します。Joby S4 では、モーターごとの回転数を変えて、特定の周波数の音だけが、大きくならないようにしています。

様々な工夫を行った結果として、Joby S4 は、プロペラ機やヘリコプターに比べて、圧倒的に小さな騒音しか出さないようになっています。

空飛ぶクルマのブレードは、形状を様々に工夫することができます。今後の技術革新により空飛ぶクルマの騒音を大幅に低減できるはずです。

ブレードの形状

　ブレードの形状は、モーターの出せる力によります。

　ブレードは回転軸に対して、2枚、3枚、4枚、6枚、8枚、多数というような形状があります。ブレードの枚数が増えるほど、同じ揚力を得るのに、ブレードの長さは減少し面積は少なくて済むようになります。

　ブレードの形状も単なる長方形から、扇風機の羽根のように複雑な形状をとることができます。ブレードの形状を工夫することにより、騒音を減少させることができます。

　ブレードの取付け方法　ブレードの枚数が多くなった場合、中心のハブにブレードを差し込む形態が作りやすくなります。各ブレードの取付け方法はクリスマスツリー構造にした方が外れにくくなります。

　この場合、ブレードを回転軸に取り付けるハブに非常に大きな力がかかるので、定期的にハブのX線、超音波探傷などの試験をして内部、外部に傷がないことを確かめなければなりません。

ブレードケース

　ブレードの周囲をケースで覆うことで安全性がかなり増加します。

　ブレードは高速で回転しています。万が一ブレードが破断した場合、ブレードケースがなければ破断したブレードが飛び出して非常に危険です。外に飛び出したブレードの破片は日本刀や薙刀（なぎなた）が空を飛ぶようなもので大変危険です。人に当たれば大事故になります。ブレードケースがあれば破断したブレードは、ブレードケースのケブラー繊維が包み込んで周りに飛び出しません。また、ケースを付けることで見えない回転しているブレードに接触して死傷する事故を大幅に防げます。

　ケースがあることで周囲からの視認性が良くなります。ブレードが直接外部の物に当たる前に、ブレードケースが当たることにより、ブレードが折れることがなくなります。

　更にケースの外側にカメラやミリ波レーダー、超音波センサーなどの各種のセンサーを取付けることにより、センサーを使ってブレードのケースが何かに接近しすぎたときに操縦者に警告を出してそれ以上近づかないようにコンピュータに指示を出すこともできます。ケースには騒音を軽減する効果もあります。

　ブレードが破断したときには水平に飛ぶとは限りません。上方に推力を発生させているブレードが破断した場合、ブレードは回転面より上方に飛びます。ケースの上下方向の大きさはブレードが水平面から下 5°上に 20°の角度で飛んでもケースの中に留まるような大きさにすべきです

　またケースの強度は想定される最大回転数の 10%増しの回転数でブレードが破断したときにもケースを突き抜けないだけの強度を持たせれば、万が一の過回転とその結果のブレード破断にも耐えられます。

　ブレードケースは、チタンなどの金属よりも、ケブラー繊維で布のように包み込んだ方が損害を抑えることができます。

ブレードが機体の下に付いている空飛ぶクルマ

写真提供：AIR

　ブレードケースがなく、ブレードが機体の下についている空飛ぶクルマは、回転するブレードが人に当たって、地上にいる人間を死傷させる恐れがあります。高速で回転するブレードは外からは良く見えません。薄いブレードは日本刀と同じように触れる物を切ります。ブレードが機体の下に付いている形では、直接ブレードが外部の物に触れないようにする、ブレードケースが必要となります。

　ブレードが機体の下に付いている空飛ぶクルマでは、ブレードが地表近くの障害物に当たって傷つく恐れがあります。着陸してくるときは、ブレードは下方に空気を送っていますから、木の枝などの障害物は下に押さえられます。しかしながら、着陸してくるときに木の枝が下に押された形でも、ブレードが停止すると上からの空気の力がかからなくなって真っすぐに戻ります。この状態で、次に離陸しようとしてブレードを回転させると、ブレードが木に当たり傷つく恐れがあります。ブレードが下に付いている形の機体は、舗装された場所以外で離着陸してはいけません。

　地表に障害物がなくても、下方に付いた機体では離着陸しようとするとその空気の力で小石や砂利を巻き上げることがあります。小石や砂利がブレードの先端に当たると小さな傷を生じます。ブレードにはものすごい遠心力が働きます。ブレードの根元付近の小さな傷はそこから傷が大きくなってブレードが破断する危険性があります。ブレードが機体の下に付いている形の空飛ぶクルマは、舗装されたバーティポート以外の場所で、離着陸してはいけません。またバーティポートの表面は定期的に掃除を行って、小石などを取り除かなくてはなりません。

　積雪した場所に着陸しようとすると、地表の雪にブレードが当たり非常に大きな力がかかって層間剥離や内部の繊維が切れる恐れがあります。見かけ上全く問題ないのに、実は強度が全くなかったということが起こりえます。また現在の技術では、内部の繊維が切れているかどうかはわかりません。カーボン繊維で作られたブレードの最大の問題点は、中の繊維が切れて強度が失われても、外形的には元の形に戻ってしまうことです。ブレードが下に付いている形の機体では、完全に除雪された場所以外で、離着陸してはいけません。

ブレードが機体の上に付いている空飛ぶクルマ

写真提供：Joby Aviation

　ブレードが機体の上方に付いている形では、障害物や小石などによりブレードが傷つく恐れを大幅に減らすことができます。

　この場合ブレードの高さはできれば 2m 以上として、間違っても人間がブレードに当たる可能性を排除することが望ましいと思われます。

　アメリカのボーイングがサーブと共同で開発した、練習機 T-7A レッドホークは高翼です。高翼機は胴体の横をパネルにして簡単に開け閉めできます。T-7A と同様に、空飛ぶクルマでもブレードを機体の上方に付けた場合には、様々なコンポーネントを、パネルを開けるだけで点検、交換できるため整備性が良くなります。ブレードの点検がしにくくなることが問題点として挙げられます。

　Joby Aviation の機体は、ブレードを前進方向に前向けにできるので、点検が簡単にできるようになっています。

ブレードとモーターを同じ軸の上で、上下2段に付ける形

写真提供：AIR

　ブレードとモーターを同じ軸の上で、上下2段に付ける形では、下側のブレードが破断したときに上側のブレードを損傷する恐れがあります。ブレードに強度を持たせて破断しないように設計し、上下のブレードの間隔を開け、頻繁に点検する必要があります。

　もしブレードとモーターを同じ軸の上で、上下2段に付ける形を選んだとしてブレードケースを付ける場合には、ブレードケースは一つにしてはいけません。この場合ブレードケースはそれぞれの段に設置しなければなりません。これは一つの段のブレードが破断して飛んだときにケースが大きく歪み他の段のブレードとケースが衝突してブレードを破壊するのを防ぐためです。

回転中にブレードの角度が変わる方式

　ヘリコプターのローターのように、ブレードが一周回転する間に、ブレードの角度が変わる方式は、一つの部品の故障が致命的な破損につながります。この方式ではヘリコプターと同様の点検や部品交換が要求され、整備費用も高額になります。

ブレード表面を金属で覆う

　炭素繊維等でできたブレードの表面全てを金属の薄い板で覆う方式は、ブレードの表面にできた傷を発見するのが難しく、飛行中にブレードが破損する確率が高くなります。これも望ましくない方式です。

落雷対策

写真提供：名古屋大学ナショナル
コンポジットセンター

左の写真は名古屋大学ナショナルコンポジットセンターが持つ、雷インパルス電流試験装置で CFRP（Carbon Fiber Reinforced Plastics：炭素繊維強化プラスチック）サンドイッチパネルに、最も被雷の可能性が高く、最初の被雷を受けやすい部分に対する雷電流を適用した例です。

CFRP に落雷すると、内部を大電流が通過しようとします。カーボン繊維の電気抵抗はアルミ合金のおよそ千倍になります。抵抗が大きな繊維の中を大きな電流が通過すると発熱します。この熱はカーボン繊維の周りを包んでいるプラスチックを溶かすのには十分な熱です。落雷が当たって内部を大電流が通過したカーボン繊維は、筆の穂先のようにバラバラになり、強度がなくなってしまいます。

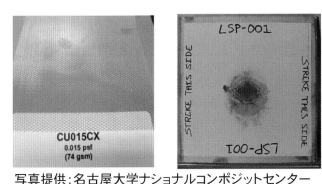
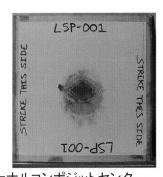

写真提供：名古屋大学ナショナルコンポジットセンター

写真左は LSP(Lightning Strike Protection)と呼ばれる、銅の繊維を織ってできたシートです。この LSP を構造表面に貼ることで雷の被害を減少させることができます。

写真右は、表面に LSP を貼った CFRP パネルに、先ほどと同じ電流を適用した写真です。電流は LSP を流れ、内部のカーボン繊維の中は流れません。したがって発熱が起こりません。CFRP サンドイッチパネルの表面に、銅の繊維を織ったシートを貼り付けることで、落雷による損傷を減らすことができます。

ブレードの保守

　ブレードで一番重要なのは、その根本部分です。この根元部分に小さな傷やひび割れがあると、傷やひび割れは非常に大きな遠心力によりどんどん発達します。結果としてブレードが千切れて飛んで、更にその飛んだブレードが他のブレードに当たれば空飛ぶクルマは墜落する可能性が高くなります。

　このためブレードの根元部分は、フライトごとに点検しなければなりません。

ブレード上の星形の傷

　炭素繊維のような複合素材でできたブレードは、表面に雹（ひょう）などの堅い物体が当たると、層間剥離を起こすことがあります。また、内部の繊維が切れることがあります。

　困ったことに層間剥離や、内部の繊維が切れて強度がなくなっているのにもかかわらず、外見は元の形に戻ってしまいます。このとき表面に星形の小さな傷が残ることがあります。整備士はこの傷を探さなければなりません。傷があった場合はブレードの交換が必要になります。

モーター

　図はモーターの回転数とトルクを表したものです。図からわかるように、空飛ぶクルマ用のモーターは、高トルクでの連続駆動が特徴です。モーターに使われるネオジウムなどの希土類磁石では、高温になると急激に磁力が減少します。モーターコイルの発熱、ベアリングの発熱、冷却空気が妨げられるなど様々な原因でモーターの温度が上昇することがあります。モーターには温度センサーをつけて、温度を監視することが必要になります。モーターの冷却が重要になります。

　また、どれかモーターが故障したときは、他のモーターは大きなトルクを発生させなければなりません。

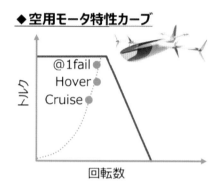

◆ **空用モータ特性カーブ**

➤ **プロペラ負荷トルク∝回転数² 特性**
➤ **高トルクでの連続駆動**
　⇒ **冷却性**
➤ **緊急時(1fail)の高トルク特性**
　⇒ **高信頼性**

出典：㈱デンソー電動航空機用モータ開発クルマ用モータと空用モータとの違いについて

振動センサー

　各モーターには振動センサーが必要です。異常な振動を感知した場合警報が作動しなければなりません。

応力センサー

　空飛ぶクルマでは回転数だけでブレードが生み出す揚力を判定してはいけません。ブレードが損傷したり、着氷したりすると幾ら回転していても揚力を生み出さなくなることがあります。このような場合に回転数だけを元にして機体を制御しようとすると、機体のバランスを保つことができなくなります。

回転数をメインとしながらも、各ブレードが正しく揚力を出しているかどうかを他の方法で測定して、それによりコントロールしなければなりません。

間違って取付けることができないモーターとブレード

浮上用のブレードのみの方式の空飛ぶクルマは、左右逆回転のモーターとブレードを使って操縦します。

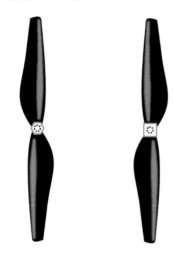

正しい方向に回転しない場合簡単に墜落します。

このためブレードやモーター及びその配線は絶対に間違いがないように取付けなければなりません。

モーターからの軸は、断面が円形では滑る恐れがあるために望ましくありません。軸の断面の形を四角、六角、星形等にすべきです。

更に左回転のモーターと右回転のモーターでは軸の断面の形を変えるべきです。

例えば、左回転のモーターの軸の断面を四角とするなら、右回転のモーターの軸の断面は六角形のようにすべきです。

当然ブレードも軸の断面の形を変え、左回転のモーターには、左回転用のブレードしか付かず、右回転のモーターには右回転用のブレードしか付かないようにすべきです。

また、左回転モーターと右回転モーターでは、機体に取付ける電極の形を変えるべきです。例えば左回転モーターの電極の断面が円形である場合、右回転モーターの電極の断面は四角とすべきです。

同じモーターでも＋極につく線と－極につく線ではその大きさを変え絶対に逆に配線できないようにするべきです。また上記について実際に現場で製造する人間や整備士に対して徹底的な教育をしなければなりません。万が一にも間違って取付けることがないようにしなければなりません。

空飛ぶクルマではモーターの台座の形と大きさを変え、右回転モーターを必要とするところには右回転モーターしかつかないようにするべきです。同様に左回転モーターを必要とするところには左回転モーターしかつかないようにすべきです。

そのためには各ブレードの支柱に応力センサーを付け、実際にブレードがどれだけ揚力を生み出しているかを測定するのも一つの方法です。

火災報知器

　空飛ぶ自動車にとって火災は非常に恐ろしいものの一つです。特に機体が炭素繊維を用いている場合、耐熱温度が非常に低く、火災が発生すると急激に強度がなくなります。

　バッテリー周りやガスタービン周り、燃料電池周りなど、センサーを配置し、火災の場合警告を出さなければなりません。

　またバッテリーなどの発火しやすい部品は、消火装置を備えなければなりません。

バッテリーの温度モニター

　バッテリー内部や充電器に異常があると、バッテリーは発熱し、場合によっては発火します。このためバッテリーの温度をモニターするセンサーと表示、警告システムが必要です。

バッテリーヒーター

　ほとんどの電池は、温度が下がると急激に容量が失われます。また温度が下がりすぎると充電しにくくなります。このためバッテリーヒーターを付けてバッテリーの温度が下がりすぎないようにしなければなりません。

バッテリーの冷却

　バッテリーによっては、急速充電をすると内部温度が上がり、充電ができなくなったり、取り出せる出力が急激に減少し、モーターの出力が制限される「熱ダレ」現象を起こすものがあります。特に急速充電を短時間で繰り返すと熱ダレ現象が顕著になります。熱ダレ現象を防ぐためには、バッテリー自体を冷却して、内部温度を上昇させないための機構を持たせなければなりません。

灯火（とうか）

　空飛ぶクルマには、ブレードが回転できる状態にあることを示す灯火を設置しなければなりません。

　空飛ぶクルマには衝突防止のための灯火を設置しなければなりません。

　空飛ぶクルマには、夜間機体の姿勢及び方向が正確に視認できる灯火を設置しなければなりません。

機内消火器

　機内にも消火器を備え付けなければなりません。

　機内の消火器はタービュランスにあった場合などに機体の内部を飛び回らないように、しっかりと取付けておくことが必要です。ただし実際の火災の場合にはワンタッチで簡単に取り外せなければなりません。

EGPWS

　EGPWS （Enhanced Ground Proximity Warning System）は強化型対地接近警報装置のことです。内部のデータベース内の障害物の高さや地形と、現在の高度を比べて、山や障害物に衝突しそうになったら警報を発する装置のことです。空飛ぶクルマに搭載するEGPWSは従来の航空機に搭載されているものよりはるかに精密でなければなりません。更に特に重要なエリアは自動的に避けるように操縦されるべきです。空飛ぶクルマの操縦者は、EGPWSが作動したら、疑うことなく、直ちに急上昇すべきです。

ボンディングワイヤ

　飛行機では、エルロンやエレベーター、フラップなどの可動部分にはボンディングワイヤが取付けられます。ボンディングワイヤは、落雷があって二つの部品に非常に大きな電位差が生じたときに電気がこのボンディングワイヤを使って流れ、ヒンジなどの可動部分には流れないようにするためにつけられています。落雷があったと

きに金属部分に多大な電流が流れて可動部分が溶接されたようになり、固着して動かなくなるのを防ぐために付けられます。

スタティックディスチャージャー

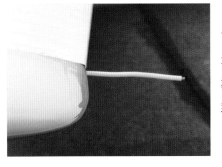

　空飛ぶクルマが雲などの中を飛ぶと、水滴との衝突で静電気が起きます。機体に静電気がたまって、これが空中に放電されると小さな火花を生じそのときに電波が発生します。GPSの電波が受けられなくなったり、無線通信ができなくなったりします。

　これを防ぐために機体にスタティックディスチャージャーという線をつけなければなりません。スタティックディスチャージャーは電気抵抗を持った電線です。電気がここを通って徐々に放出されることによって火花放電が起きず電波障害も起きません。

空飛ぶクルマの操縦装置

　空飛ぶクルマの操縦装置は、飛行機やヘリコプターに比べて非常に簡単にできるようにすべきです。操縦桿を前に倒すことにより前進、後ろに倒すことにより後進します。操縦桿を左に倒すことにより左進あるいは左旋回、右に倒すことにより右進あるいは右旋回します。操縦桿を右にひねれば右に方向を変え、左にひねれば左に方向を変えます。またコレクティブレバーを上に引けば上昇、下に下ろせば降下します。モーターやブレードが損傷したときのバランスの保持はコンピュータが行います。突風にあおられたときの姿勢制御もコンピュータが行います。

突風を再現できる風洞

　空飛ぶクルマを作る上で欠かせないのが、突風にあおられたときの姿勢制御です。

　飛行機は突風にあおられても、元の姿勢に戻るように作られています。主翼と尾翼を持った形以外の、空飛ぶクルマは突風にあおられても、自動的には元の姿勢に戻りません。

　主翼と尾翼を持った空飛ぶクルマも、突風にあおられた後、姿勢が自動的に回復するのは、ある程度以上の速度で前進しているときだけです。

　離着陸時は、突風にあおられても姿勢は自動的に回復しません。

　突風にあおられたときに、空飛ぶクルマの姿勢を回復させるのは、コンピュータの役目です。各種センサーによって機体の姿勢を判断し、ブレードの回転数を調整して姿勢を回復させます。

　姿勢制御用のコンピュータの開発に欠かせないのが、突風を再現できる風洞です。幾らコンピュータによるシミュレーション技術が発達したとはいえ、様々な条件の突風全てをプログラミングできるわけではありません。

　ある程度大型で、様々な種類の突風を再現できる風洞が必要になります。

一つの系統が故障した場合

　先に述べたように空飛ぶクルマでは二つの系統を持つべきです。

　空飛ぶクルマは一つの系統が故障したとしても、飛び続け安全な場所に着陸できなければなりません。

飛行機の例に倣うと、最大離陸重量で、重心位置が最も不利な場合に、二つの系統のうち一系統が完全に不作動になった場合でも約 2.5% 以上の上昇勾配で安全高度まで上昇し、その後一定の距離以上飛行して、安全に着陸できなければなりません。

　この一系統不作動で飛行できる距離は、不時着場の選定にも関わってきます。もし、一系統が故障した場合に 20 nm 以上飛行できる空飛ぶクルマでは経路上 20 nm ごとに、30 nm 以上飛行できる場合には 30 nm ごとに不時着場を確保しなければなりません。通常の道路からアクセスできない場所にある不時着場の場合、救援機の分も含めて 2 機分の不時着場を確保しなければなりません。

横方向の推進力

　空飛ぶクルマではその上昇能力、前方推進能力が必要とされるのは当然ですが、それ以外にも考慮しなければいけない性能があります。飛行機やヘリコプターのように通常の空間を自由に飛んでいるうちはそれほど必要ではないのですが、空飛ぶクルマの数が増えてやがて空飛ぶハイウェイが導入されたときには、横方向への推進能力が問題となります。

　上空では様々な風が吹いています。その風に対抗して決められた空のハイウェイを飛行するためには 20 ノット、30 ノットのような横方向の移動能力が必要となります。真横から平均風で 10 ノットの風が吹いているときには、風の強度が変化するために平均風速の二倍、20 ノット程度の風が吹きます。

　空飛ぶハイウェイで、定められたレーンをキープして飛ぶためには、平均風で 10 ノットの横風が吹いている空域では、20 ノットの横方向の移動能力が必要となります。

　また空飛ぶハイウェイ以外でも離着陸のときに強い横風が吹いていると、その横風に対抗して新しい位置に着陸するためにも、横風時には横方向の移動能力が必要となります。

　横方向の移動能力を与えるには幾つかの方法がありますが、一つは推進力を得ているブレードの傾きを変える方法です。この方法では高速で回転している重量のあるものの向きを変えることが必要となります。

　もう一つの方法はブレードから出た風の向きを偏向板で変える方法です。この方法では軽量な偏向板のみを動かせばよいので大きな能力は必要ありません。その代わり偏向板が抵抗となるため、ブレードはその分より大きな推力を出さなければなりません。

右席操縦か左席操縦か

　操縦席で、左右両方に座席がある場合どちらを操縦席にするかが問題です。

　日本人の多くは右利きです。空飛ぶクルマでは右手で操縦桿を操作し細かな操縦ができるように、主操縦席は右席とするのが望ましい形です。

　前席が左右にある機体で、操縦の練習を行う場合には、左右両方に操縦桿がある形が望ましい形になります。左右の操縦桿は連動することが望ましいのですが、もし連動しない場合には、左右両方の操縦桿で、同時にインプットがなされた場合、操縦桿が振動してパイロットに警告しなければなりません。

空飛ぶクルマの操縦系統

　空飛ぶクルマの操縦系統は、従来の飛行機やヘリコプターと全く違います。従来の飛行機やヘリコプターは機体が所望の姿勢になるように、人間がコントロールホイールや操縦桿を動かしていました。

　空飛ぶクルマでは、パイロットの入力はどんな姿勢を取るかではなく、機体をどのように動かしたいかにすべきです。この場合、操縦桿と空飛ぶクルマの動きは以下のようになります。

　操縦桿を前に押すと機体は前進します。操縦桿を後ろに引くと機体は減速し後進します。操縦桿を右に倒すと機体は右に進み、操縦桿を左に倒すと左に進みます。また操縦桿を左右にひねるとひねった方向に向きを変えます。

　操縦席の中央に存在して上下に動くコレクティブレバーを上に引くと、機体は上昇し、コレクティブレバーを下に下げると機体は降下します。空飛ぶクルマの操縦は従来のヘリコプターや飛行機に比べてはるかに容易です。

注：コレクティブレバーはヘリコプターに使われる操縦装置の一つで上に上げると上昇、下に下げると降下します。この本ではヘリコプターに倣ってコレクティブレバーという用語を使用します。

操縦の監視とオーバーライド

　従来方式の操縦では、パイロットが無謀な操縦をしようとすればできてしまいます。無謀な操縦を防ぐのはパイロットの意識に任せるしかありません。道路を走っていてもあおり運転や、無謀運転をする者が絶えません。

　空飛ぶクルマは地上を走る自動車よりもはるかに危険です。野外コンサート場や海水浴場の上で無謀操縦をして地上の人に当たれば数百人の人を死傷させます。ビルや橋に突っ込めば何千人という人が犠牲になることもあり得ます。更にはコンビナートや原子力発電所に突っ込めば大惨事を引き起こすこともあり得ます。

　空飛ぶクルマは従来型のパイロットが全てをコントロールできる方式から脱却しなければなりません。最終的には常時コントロールセンターで位置と高度を把握し、危険な操縦を行っているパイロットに対しては音声による警告を行います。

　それでも従わない場合には、コントロールセンターからの特殊な指示で、最寄りの警察署に強制着陸、逮捕といった処置も必要となると考えます。

　空飛ぶクルマの基本的な操縦方法は上記のとおりなのですが、空飛ぶクルマの基本は自動操縦です。

　コンピュータにあらかじめ命令を打ち込むか、あるいは音声によって命令を指示してコンピュータが操縦するようにするのが基本です。

　そもそも空飛ぶクルマは、その安定性を保つために幾つかあるブレードの回転数を微妙に変化させて安定性を保たなければなりません。

　その形状から空飛ぶクルマは基本的に不安定です。この不安定な乗り物を、人間が操縦装置を動かして安定性を保とうとすると膨大な練習が必要になります。また操縦の感覚が空飛ぶクルマの機種ごとに違えば、今まで飛んでいたのとは違う、空飛ぶクルマに乗るためには、パイロットはシミュレータや実機で練習して、新しい空飛ぶクルマの操縦特性を覚えなければなりません。

　空飛ぶクルマの基本は、コンピュータが制御してフライトすることです。人間が指示するのは、飽くまでも単純化した命令であって、実際に機体のバランスをとるために、各モーターの出力をどのように変えるか、コンピュータが計算しなければ安定性を保つことができません。

自動操縦のオフ

　自動操縦がオフとなるのはパイロットが、自動操縦装置のオフボタンを押した場合のみとすべきです。操縦桿を動かしただけで自動操縦装置がオフとなるのは、無意識に操縦桿に触ったときに勝手にオフになる可能性があります。

フライト制御用のシステム

　空飛ぶクルマには今まで書いてきたセンサーやシステムが最低 2 組は必要です。
　また各センサーの値は他の値を使ってダブルチェックする必要があります。

エマージェンシィボタン

　理想的には、空飛ぶクルマには、エマージェンシィボタンを装備すべきです。体調不良、室内の火災や煙で計器が見えないなどパイロットが操縦できなくなる様々な緊急事態が起こりえます。このような場合に、エマージェンシィボタンを押すと、自動操縦装置がオンになり、一番近い離着陸場に自動で着陸すると同時に、コントロールセンターに連絡を取ります。

急な乱気流への対処

　乱気流とは空気の乱れをいいます。急な乱気流で機体が 90 度以上傾いた場合、一部のモーターの回転数を上げ、他のモーターの回転数を下げるだけでは姿勢を回復させることができません。機体が 90 度以上傾いた場合、立て直すためには、一部のモーターを逆回転させる必要が生じます。制御システムは機体が 90 度以上傾きそうになった場合、一部のモーターを逆転させてでも、元の姿勢に戻すようなシステムにしなければなりません。

シートベルト

　身体にマイナス G がかかった状態でも操縦できるように、操縦桿の付いている座席のシートベルトは 5 点式のシートベルトにしなければなりません。

異種金属接触腐食

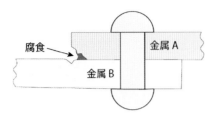

ガルバニック腐食とも呼ばれます。異なる種類の金属が接触しているときに、接触面が水に触れ電解液が作られると、片方の金属の腐食が進みます。この場合、メッキ処理をしたり、間に樹脂を挟んだりすることが必要になります。

部品の取付け方法

空飛ぶクルマにおける部品の取付け方法は、飛行機と同じような確実性が要求されます。

そのための方法としては、幾つかの方法があるのですが、一つは緩まないネジを使う方法です。現在数種類の緩まないネジが開発されています。これらを使うことによってネジが緩んだことによる機器の脱落故障を防ぐことができます。

セーフティワイヤ

セーフティワイヤとは、絶対に緩んではいけない箇所に使うネジ締め方法です。二つのボルトの間にスチール線をねじったワイヤをかけ、一つのボルトが緩もうとする方向に回ろうとすると、他のボルトが締まる方向に回わり、結果的に緩まないようにする方法です。

ハイブリッド

　最近空飛ぶクルマの研究者の間で言われ出しているのが、バッテリーだけの空飛ぶ自動車には無理があるということです。第一世代の空飛ぶクルマはバッテリーのみの空飛ぶクルマが主力ですが、第二世代の空飛ぶクルマは、燃料電池か超小型のガスタービンエンジンとバッテリーのハイブリッドになると思われます。

　空飛ぶクルマの航続距離を上げ、大型化をするためにはバッテリーの容量を上げなければなりません。バッテリーの容量を上げるほど、充電に時間を要するようになります。また大出力で充電しようとすると、充電設備の問題や、バッテリーの発熱、熱ダレ現象が問題になってきます。大量の EV や空飛ぶクルマが、充電するようになると電力網が持たなくなります。また、電気も全てが風力や、水力、太陽光発電というわけにはいきません。電気も火力発電を併用するようだと、二酸化炭素の排出削減につながりません。

　バッテリーの他の問題点としては、低温時に急激に容量が減少する点、バッテリーの温度が下がると時間あたりに充電できる電力が減少する問題があります。テスラのタイプ S には、バッテリーを温めるヒーターが装備されていました。ヒーターで消費する電力が温度を上げることで増加する電力より少ないためです。また、バッテリーの材料となるリチウムやレアメタルには限りがあります。

　空飛ぶクルマの動力として一番問題になるのが、重量あたりの出力です。リチウムイオン電池の重量あたり出力は、バッテリーにもよりますが $0.2\,\mathrm{kW/kg}$ 前後、燃料電池は、$0.6\,\mathrm{kW/kg}$ 程度（実際は水素と水素タンクの重量が加わるのでこれより数値は悪くなります）、超小型ガスタービンエンジンは、重量当たり出力は $1\,\mathrm{kW/kg}$（実際は燃料と燃料タンクの重量が加わるのでこれより数値は悪くなります）を達成したものもあります。

　燃料と燃料タンクの重量を加味してもバッテリーを大型化するよりも、重量あたり出力は優れていることになります。将来的には、燃料電池やガスタービンが主で、バッテリーは離着陸時や、燃料電池やガスタービンが故障したときのバックアップ用として使われるようになるかも知れません。その場合、あえてバッテリーを 2 つ以上の系統に分ける必要がなくなります。

燃料電池

　トヨタのミライやテスラの燃料電池車のように、バッテリーではなく水素タンクと、燃料電池を積む自動車が出てきています。燃料電池を否定していた、テスラ社の CEO イーロンマスクも、燃料電池で動く自動車の開発を発表し、将来的に全てのクルマを、水素を使った燃料電池車に切り替えると言っています。

　アメリカではバイデン大統領が、95 億ドルを投資して、今後 10 年でクリーン水素の値段を 80%下げて 1 kg あたり 1 ドルにすると発表しています。また自動車も 50 マイル（約 80キロ）ごとに水素ステーションを作るとしています。空飛ぶクルマもこの恩恵を受けられることと思います。

　アメリカのスタートアップ企業の自動車メーカー、ニコラが作るピックアップトラック　バジャーは、バッテリーだけで 300 マイル走行できるモデルと、バッテリーに加えて燃料電池と、水素タンクを積み 600 マイル走れるモデルがあります。バッテリーだけのモデルも後で必要になったときに、燃料電池と水素タンクを組み込めるように設計されています。

　燃料電池は、水しか排出しません。また水素タンクの充填（じゅうてん）にかかる時間は、3 分から 5 分とバッテリーの充電時間より大幅に短くて済みます。

　燃料電池の最大の問題点はその価格です。東北大学材料科学高等研究所では、白金に代わり、青色顔料であるアザフタロシアニン系金属錯体を多層カーボンナノチューブに付着させることにより、燃料電池の酸素還元反応を白金と同等以上に触媒する電極触媒の開発に成功しています。高価な白金の代わりに安価な材料を使用することにより燃料電池の価格を下げることできます。

　燃料電池は今後大幅に発展していくものと思われます。

水素脆性（ぜいせい）

　燃料電池は水素と空気中の酸素を反応させて、水と電気を作ります。この水素には困った特性があります。
　金属が高圧の水素に触れていると、水素分子が金属の内部に入り込み、金属が脆（もろ）くなる現象です。遅れ破壊の原因となります。燃料電池を使う場合、タンクを樹脂製にする、配管やバルブなどを、水素脆性が起きにくい金属で作るなどの配慮が必要です。

超小型のガスタービンエンジン

現在開発されているほとんどの空飛ぶクルマの動力はバッテリーとモーターです。前述のようにこのシステムにはかなり問題があります。

写真提供：エアロディベロップジャパン株式会社(ADJ)

現在のバッテリーシステムでは、超小型のガスタービンエンジンと、高速回転に耐える発電機を組み合わせて地上での離着陸時はバッテリーとモーターを使って離陸又は着陸するが、上空では燃料によって超小型のガスタービンエンジンを回し、発電機を回します。ガスタービンで作った電気でモーターを回して飛行するシステムが有望です。現在世界中で超小型のガスタービンエンジンが開発されています。

ガスタービンエンジンはかなりの騒音を発します。地上でガスタービンエンジンを使うと騒音問題が発生します。ガスタービンエンジンが出す騒音のほとんどが高周波数の音です。高周波数の音は、距離が離れると大幅に減衰します。上空でガスタービンエンジンを回してもその音はほとんど地上まで届きません。

ガスタービンエンジンは、必ずしもジェット燃料だけではなく、バイオ燃料、水素、灯油、アルコール、軽油、天然ガスなど様々な燃料を使えるようにもできます。過去の例では、微粒子にした石炭を水に混ぜて燃焼させた例もあるようです。クリーン水素を使ってガスタービンエンジンを回すのも夢ではありません。

小型のガスタービンエンジンと発電機を組み合わせることによって、従来のバッテリーとモーターだけで飛ぶよりもはるかに遠い距離まで飛ぶことができます。このガスタービンエンジンと発電機の組合せは、将来的に更に大きさを小さくして電気自動車の航続距離も超長距離化もできるようになります。

空飛ぶクルマの強度

　空飛ぶクルマでは、従来の自動車のように、自動車同士が衝突した場合の強度を考えることは必要ないかもしれません。

　空中で空飛ぶクルマ同士が衝突した場合には、ほぼ間違いなく両方の空飛ぶクルマが墜落します。衝突の瞬間に中の乗員が保護される強度を持っていたとしても、その後の墜落では無事にすみません。

　空飛ぶクルマでは、衝突した場合の強度ではなく、墜落した場合にも内部の乗員が保護されるようになっていなければなりません。

　このため理想的には、一定の高さから、コンクリート面に対して空飛ぶクルマを様々な角度で墜落させて、その場合でも内部の人間が生存可能であるように機体を設計しなければなりません。前後方向では、機体の前部が 90 度下を向いた場合、斜め 45°前下方を向いた場合、機体が水平な場合、機体が斜め 45°後下方を向いた場合、後部が 90 度下を向いた場合の乗員の保護が求められます。横方向では、機体が左 90°傾いた場合、左に 45°傾いた場合、右 45°傾いた場合、右に 90°傾いた場合、と様々な形でコンクリート面に墜落させ、それでも内部の人間が生存可能なようにしなければなりません。

　前方及び、後方への傾きは、クラッシャブルゾーンを作ることとエアバッグによって解決できます。横を向いた場合もサイドエアバッグによって解決できます。墜落実験の中で最も難しいと思われるのが、通常の水平飛行の姿勢からコンクリート面に激突した場合です。

　人間の体は過大な加速度 G がかかると生存が難しくなります。加速度は衝撃を受け止める時間を長くすることで大幅に減らすことができます。同じ衝撃を吸収するのに時間が十倍になれば、加速度は大幅に減少します。このため空飛ぶクルマでは床下をクラッシャブルにすることが求められます。機体の下は単にソリッドをつけるのではなく、クラッシャブルゾーンとして緩衝材を詰め、万が一垂直に落下してもある程度の高さまでは内部の乗員が保護されるように作らなければなりません。

計器

XPLANE11 より

　現在小型機の世界で使われている計器で最も多いのは、ガーミン社の G1000 という計器です。様々な小型飛行機に搭載されています。小型機の実質的標準と言って良いほどです。

　多くのパイロットがこの G1000 の使い方に慣れています。各種の航法装置、無線通信装置、トランスポンダー等のコントロールが、画面と、スイッチやノブから操作できます。G1000 は各種の装置の集合体です。装置やオプションを追加することで様々なデータを表示させることもできます。非常に良くできた計器です。

　この G1000 は、非常によくできた計器なのですが、非常に高価です。

　空飛ぶ自動車に特化した国産で安価で、高性能な計器システムの開発が待たれます。

　計器の開発にはかなりの金銭と労力がかかります。またノウハウも必要です。一つの方法として、複数のメーカーが協力して、どの空飛ぶクルマでも使えるような計器システムを作り上げるのも一つの方法です。

センサーのデータの確認

　空飛ぶクルマでは、その傾き、加速度、速度、位置、高度など様々なデータを取り込むためのセンサーが必要です。ここで重要なのがセンサーのデータが、正しいかどうかの確認です。現代でも多くの飛行機が、一つのセンサーが間違った値を検出し、その間違った値に基づいて機械が作動したために墜落しています。

　ボーイング 737 MAX も、アングルオブアタックセンサーという、空気が機体に当たる角度を測定するセンサーが一つ故障したために、パイロットがどんなに操縦桿を引いても飛行機は自動的に頭を下げ地面に墜落してしまいました。

ここで重要なのが、センサーが出しているデータが、正しいかどうかを自動的に確認する装置です。一つのセンサーの値が変われば、必ず他のデータに影響が出てきます。例えば先ほどの 737 MAX の場合アングルオブアタックセンサーが異常な機首上げ角を検知したとしても、高度が変化しているかどうか、速度が減少しているかどうかなど他のデータと照らし合わせれば、高度は変化せず、速度も変化していないとしてセンサーそのものの異常であることが判断できます。

　このように複数のデータをお互いにクロスチェックして、データがおかしいセンサーがあれば、そのセンサーを排除して使わないようにすれば、安全性は飛躍的に向上します。残念ながら、飛行機にもこの装置は現在搭載されていません。飛行機や空飛ぶクルマも含めて全ての乗り物に、この装置の搭載が望まれます。

空飛ぶクルマの運航

　空飛ぶクルマで、人や貨物を運ぶためには、少なくとも従来の飛行機や、ヘリコプターの運航と同じレベルの安全性が必要です。

空飛ぶクルマの出発前確認事項

　空飛ぶクルマのパイロットは出発前に以下の事項を確認しなければなりません。

- 当該空飛ぶクルマ及びこれに装備すべきものの整備状況
- 離陸重量、着陸重量、重心位置及び重量分布
- 航空法第 99 条の規定により国土交通大臣が提供する航空情報
- 当該航行に必要な気象情報
- バッテリー残量、内燃機関の場合、燃料及び滑油（かつゆ）の搭載量及びその品質
- 積載物の安全性

空飛ぶクルマの点検

空飛ぶクルマでは出発前に以下のような項目を点検しなければなりません。

- 外観にぶつけた後がないか
- アンテナ類が正しく付いているか
- ブレードの根元付近に傷やクラックがないか
- 全てのスイッチがオフになっていることと、操縦席に誰もいないことを確認した後、ブレードを軽く揺すってみて、がたつきがないか、スムーズに回転するか
- セーフティワイヤが切れていないか
- ナット類につけられたペイントが、ずれているものがないか
- ボンディングワイヤが切れていないか
- スタティックディスチャージャーがきちんと付いているか
- 機内に危険物や磁性体が積まれていないか
- 機内の物品がきちんと捕縛されているか
- 必要な書類、日誌が揃っているか
- バッテリー残量が十分にあるか
- バッテリーの温度が許容範囲内にあるか
- 各種装置の作動点検
- モーターの作動点検

空飛ぶクルマの離着陸場

空飛ぶクルマ専用の離着陸場のことを Vertiport(バーティポート、垂直離着陸用飛行場)と言います。EU の EASA では、空飛ぶクルマはヘリポート並びにバーティポートに離着陸できるとしており、重量と大きさの制限をクリアーすれば、空飛ぶクルマはヘリポートからも離着陸できます。

注 : 世界的な標準、勧告である ICAO にはまだ Vertiport の規定はありません。

バーティポートについては、EASA が Prototype Technical Design Specifications for Vertiports を出して規定を作り始めています。アメリカでは、まだドラフト段階ですが FAA が Draft Engineering Brief 105, Vertiport Design を出して規定を作り始めています。現在の所、両者はかなり違います。日本も離着陸場の規定について策定を進めなければなりません。

以下が EASA と FAA のマークです。今のところ両者には大きな隔たりがあります。

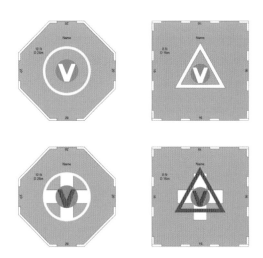

EASA　Prototype Technical Design Specifications for Vertiports

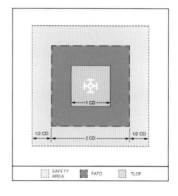

Table 2-1: Landing Area Dimensions

Element	Dimension
TLOF	1CD
FATO	2CD
Safety Area	3CD (½ CD added to edge of FATO)

FAA　Draft Engineering Brief 105, Vertiport Design

上の 2 つは、FAA の Draft EB 105, Vertiport Design からの抜粋です。ここに書かれている CD(controlling dimension)は、VTOL 機の設計により変わります。

TLOF とあるのが、Touch-down and Lift-Off エリアで舗装された耐荷重エリアです。このエリアでは空飛ぶクルマは垂直上昇と垂直降下を行います。

FATO とあるのが、Final Approach and TakeOff エリアで、離陸、アプローチのためのエリアです。このエリアでは斜めに進入、斜めに出発することを前提にしています。

Safety Area は、上記に余裕を持たせるために設けられたエリアです。

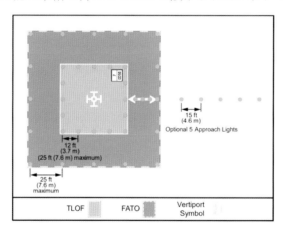

FAA の Draft EB 105, Vertiport Design に書かれた、夜間の照明です。
FATO 内の右側 3 つのライトは、降下パスを示すライトです。

このことからも FAA は離陸後斜めに上昇し、着陸時斜めに進入してそのまま着陸することを想定しています。

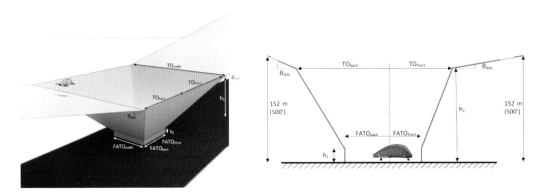

EASA　Prototype Technical Design Specifications for Vertiports

図は EASA の離陸と着陸の表面を示した物です。EASA は FAA と違って、ある程度垂直に離陸してから斜め前方に上昇、進入するときは斜め下方に進入し、最後は垂直に降下することを想定しています。離着陸場の側には、木や建物などの障害物があることを考慮して、離着陸はほぼ垂直に行うものの、上昇、降下は緩いパスを使っています。

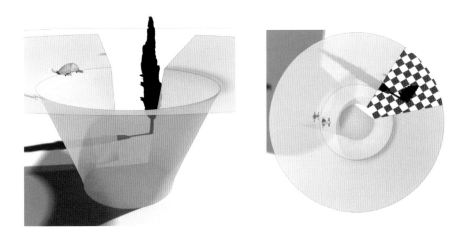

EASA　Prototype Technical Design Specifications for Vertiports

図は全方位から離陸、進入可能な離着陸場の一部が、樹木で離着陸に使えない場合を示しています。このような場合、プロヒビテッドエリアとし、樹木がある方面からの離着陸を禁止しています。

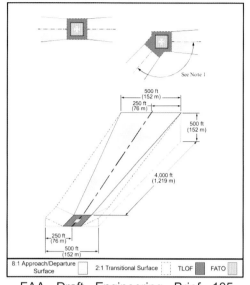

FAA Draft Engineering Brief 105, Vertiport Design

図は FAA のバーティポートのアプローチ、デパーチャーサーフェスです。離着陸場の端から、同じ角度で表面が広がっているのがわかります。広大な土地を持つアメリカならではの発想です。障害物が多い日本では、EASA 方式が望ましいと思われます。

空飛ぶクルマの離着陸場は、着陸した飛行機の充電設備、乗客の待合室等、附帯設備を持つものが必要です。これらを含めてバーティポートと呼びます。世界何か国かにヘリコプター用のバーティポートを持つSKYPORTS社は、ヘリコプターをカテゴリーわけし、カテゴリーに応じて着陸料をとっています。

このバーティポートは単独で作れば良いわけではありません。空飛ぶクルマのオペレーションは他の交通機関とシームレスでなければなりません。

ターミナルビルに直接タクシーや自家用車が横付けできるのが、望ましいと思われます。自家用車の駐車場があれば空飛ぶクルマの利用率が上がります。空飛ぶクルマの利用者が無料または大幅な割引で駐車場が使えるようにするのが最良です。バーティポートの中には、カフェやレストランがあることが望ましいのですが、利用者が空飛ぶクルマの乗客だけでは経営が難しくなります。空飛ぶクルマに乗らない外部の人も簡単に使えるようにすれば、経営が安定します。

都市の中のバーティポートは、病院の隣に作れば、空飛ぶドクターカーの離発着に便利です。現在、地方の中小都市では、病院が中核となっており、多くのバスが病院から出発します。このような都市では、病院の近くにバーティポートがあれば便利です。

地方都市の場合、バーティポートのすぐそばにスタートアップ企業向けのオフィスを作り、安い費用で貸し出せば、経済の活性化につながります。近くにオフィスビルを作って、大都市から企業の間接部門を誘致すれば、働く人も増え税収の増加にもつながります。

既存のビルの屋上にあるヘリポートは、小型の空飛ぶクルマ以外は強度が不十分です。また、充電設備や着陸後に移動させるスペースもありません。少し離れた位置にバーティポートを作り、航続距離の長い、空飛ぶクルマでバーティポート間を飛行した後、バーティポートからビルの屋上までは、小型の短距離用の空飛ぶクルマに乗り換えて飛行するか、あるいはバーティポートからタクシーに乗り換えてビルまで移動するのが良さそうです。

将来的には、都市の中心部に大きなバーティポートがあり、都市の他の場所に小さなバーティポートを作り、その間を空飛ぶクルマが飛行するという形になるかと思われます。

航続距離とバーティポートの設置場所

　翼を持った空飛ぶクルマは高速で移動できますが、今のところ航続距離があまりありません。今の性能では空飛ぶクルマは長距離の交通手段には向きません。また、ピンポイントで、長距離の都市間を移動する人は少ないと思われます。長距離は新幹線や飛行機に任せて、そこから空飛ぶクルマを使って飛行するのが良さそうです。

　空飛ぶクルマの運航は単独では成り立ちません。他の交通機関との連携が必須です。
　新幹線の駅の近くや、街の中心部にバーティポートを作り、すぐにタクシーに乗れるという環境が重要です。飛行機、新幹線、タクシーなど様々な乗り物とシームレスに繋げることによって、始めて空飛ぶクルマの良さが発揮できます。

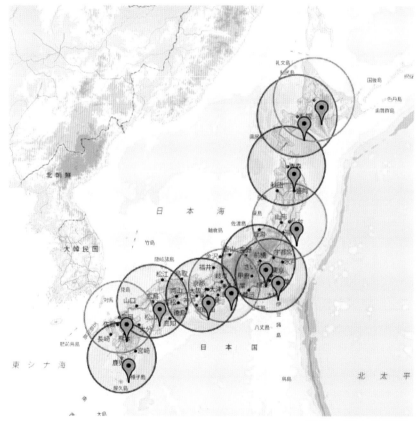

提供：国土地理院

　図は国土地理院の地図上に https://www.cloudwoods.jp/hankei/pc/ を利用して半径 200 km の円を描いたものです。
　航続距離 200 km 以上の空飛ぶクルマがあれば、旭川、札幌、青森、仙台、東京、高崎、名古屋、大阪、広島、福岡、鹿児島の 11 か所にバーティポートを作るだけで、沖縄や離島

を除いてほぼ日本をカバーできることになります。（目的地にも充電可能なバーティポートがあるのが前提です）

　日本では新幹線が発達しています。上記の都市の新幹線駅または街の中心部にバーティポートを作れば目的地までの時間を大幅に短縮できます。

　航続距離500kmの空飛ぶクルマができれば、上記のバーティポートを利用して、目的地に充電設備を持ったバーティポートがなくても、沖縄や離島を除いてほぼ全ての場所に飛行できることになります。

　さらに、主要空港の管制圏には空飛ぶクルマ専用の飛行経路であるコリドーを作って、空港内にバーティポートを作れば、国内のどこに行くのにも時間を大幅に短縮できます。

　東京国際空港や成田空港、関西国際空港などの国際線の便が多数、離発着する空港のバーティポートは200km、500kmといった航続距離が長い、空飛ぶクルマも離発着できるようにし、国内線の地方空港の中のバーティポートでは、近くの都市まで飛行できるだけの比較的航続距離が短い空飛ぶクルマが離発着するようにすれば効率的です。

　新幹線の主要駅や空港にバーティポートがあっても、空飛ぶクルマが飛んでいく目的地がなければ意味がありません。目的地としてバーティポートを設置するのに有望な所が幾つかあります。下記はその例です。

- 地方都市の中心部
- オフィスビル
- 官公庁
- ディズニーランドや、ユニバーサルスタジオジャパンのような、テーマパークやテーマパークに付随するホテル
- 六本木ヒルズや東京ミッドタウンのような複合施設
- アウトレットやショッピングモール
- 東京ビックサイトや、有楽町フォーラムのような、コンベンションセンター
- 武道館などのイベント会場
- 球場、サッカースタジアム、アリーナなどのスポーツ施設
- 鈴鹿や茂木などのサーキット
- 高級なホテルや旅館
- 温泉地
- ミシュランの3つ星、2つ星の郊外のレストランや和食店
- ゴルフ場
- ヨットハーバー

- スキー場（空飛ぶクルマを使い山頂まで移動）
- 上空から遊覧飛行ができる観光地

目的地としてのバーティポートが増えるほど、空飛ぶクルマの有用性が増してきます。

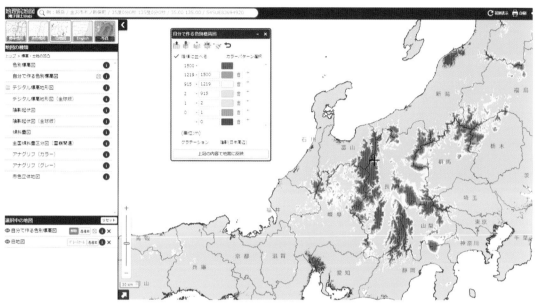

提供：国土地理院　地理院地図（電子国土 Web）

　図は国土地理院の地理院地図（電子国土 Web）の自分で作る色別標高の機能を使って着色したものです。黄色が 3,000 ft 以上、橙色が 4,000 ft 以上の標高を表しています。

　米国の Joby 社の S4 を例にとると、耐空証明をとるときに 7,000 ft での飛行を行っています。今のところ、FAA は空飛ぶクルマを対地 3,000 ft 以下の空域で飛行させようと考えています。7,000 ft での飛行ができるということは標高 4,000 ft 以下の土地は、対地間隔 3,000 ft で安全に飛べることになります。

　日本列島は中央部に、日本アルプスなどの高い山が存在します。これらの山は避けて飛行しなければなりません。そのため飛行距離が長くなります。現在、米国で開発中の Joby　S4 は航続距離が 240 km あります。最初の図で、半径 200 km としたのは、この迂回分の距離を考慮したからです。

　山を避けるために飛行距離が長くなり、どうしても目的地まで到達できない場合には、途中に中継用のバーティポートを作り、そこで充電済みの他の機体に乗り換える方法もあります。

バーティポートのセキュリティ

　バーティポートの設置で問題となるのが、充電設備とセキュリティです。

　空飛ぶクルマは珍しいので、見に来る人が多いかもしれません。勝手にバーティポートに入ると接触事故がおきかねません。誰かが空飛ぶクルマに触ったり、ドアを開けようとすれば壊すことがあり得ます。空飛ぶクルマが盗まれれば、テロなどに使われるかも知れません。防犯カメラが必須なのは言うまでもありませんが、警備員が必要です。

　大型のバーティポートは警備員だけでは守り切れないこともあり得ます。

　夜間はしっかりと柵を作って上で、警察犬のように良く訓練された犬を使うのも一つの方法です。

空飛ぶクルマの保守

飛行日誌

　空飛ぶクルマには、飛行日誌を備えなければなりません。飛行日誌には飛行した時間や場所、発生した不具合、不具合の修理状況などを記載しなければなりません。この飛行日誌の時間をもとに様々な点検が行われます。

耐空検査

　耐空検査は定期的に行う飛行検査です。検査の主要項目は通常の飛行では使わない様々な安全装置やバックアップ装置の作動試験です。これらの通常では使われない機能のことを、通常では隠れた機能という意味でノーマルヒドンファンクションと言います。

点検

　空飛ぶクルマは 100 時間、250 時間、500 時間、1,000 時間というように、飛行時間に応じて定められた部位を点検しなければなりません。

　簡単なものは、目視点検、作動点検から、複雑なものは部品を外して、超音波探傷や渦電流による探傷、X 線検査、あるいは部品によっては時間を決めて廃棄、交換等が必要です。メーカーは点検項目表をつくって、点検する項目と、その項目がどうなっていなければならないかを定める必要があります。

耐空性改善通報

　様々な事例から、緊急に部品の交換や点検をしなければいけない場合が生じます。この場合、耐空性改善通報が発せられます。耐空性改善通報が出された場合、それに該当する機種や、該当する部品は改善通報に書かれた期間内に定められたように点検されるか、交換されなければ空飛ぶクルマは飛行してはなりません。

空飛ぶクルマの乗員

空飛ぶクルマの免許

　空を飛ぶのに必要な知識や技量がない人間が空を飛ぶのは非常に危険です。そこで ICAO や FAA、EASA では操縦者のライセンスについての規定を定めています。

　現在は、空飛ぶクルマの免許に関する規定類の整備が完了していないにも関わらず、実際に飛行できる空飛ぶクルマが存在します。そこで、EASA は、暫定処置として、飛行機又はヘリコプターの免許を持っている人間が、所定の空飛ぶクルマについて、当該機種の訓練を受けた後に空飛ぶクルマの操縦ができるとしています。

　EASA では空飛ぶクルマについての規定を作ろうとしています。Notice of Proposed Amendment 2022-06 の中で、空飛ぶクルマの夜間飛行、計器飛行、暗視装置を使う場合など、非常に細かく、受けるべき訓練、飛行時間等を規定しています。

　将来的には、試験方法や資格要件が決められ空飛ぶクルマ専用の免許が発行されることになります。そのときは、最初から空飛ぶクルマで飛行訓練を行うことが認められるはずです。従来の飛行機やヘリコプターの免許は取得するのに時間と費用がかかりすぎます。空飛ぶクルマ専用の免許は、より短時間に、安価に取得できるものとなると思われます。

　現在の所、空飛ぶクルマの設計は、メーカーごとに大幅に違い、操縦特性も機種ごとに大幅に違います。空飛ぶクルマの免許はタイプレイティングといって、機種に関する限定事項がつくはずです。空飛ぶクルマの免許と、A という機種のタイプレイティングを持ったパイロットが B という機種を飛ばしたい場合、座学や実技訓練を受け、学科と実技の試験に合格しないと B という機種のタイプレイティングをもらえず、B という機種を飛ばすことはできません。

免許証の分類

　空飛ぶクルマの免許の分類方法としてもっとも適しているのが、最大離陸重量による分類です。
　空飛ぶクルマは重量が重くなればなるほど、他の空飛ぶクルマや地上の建物や人に与える影響が大きくなります。空飛ぶクルマはその重量に等しい重さの空気を下方に送ってその反力で浮いています。

　空飛ぶクルマは、重量が重ければ重いほどより大量の空気をより速い速度で下方に送ります。大重量の空飛ぶクルマが低空を飛ぶと、空飛ぶクルマからの風で、住宅の瓦が吹き飛ぶ、ガラス窓のガラスが割れるなど、地上に与える被害が甚大になってきます。それも一軒だけではなく飛んだルートの下の家、何十軒、何百軒となると被害額や弁償しなければならない額がものすごい金額になります。空飛ぶクルマの免許は最大離陸重量で制限するのが適当だと思われます。

注：EASA は SC-VTOL-01 の中で、小型 VTOL の定義を、最大離陸重量 3,175 kg(7,000 lbs) 以下かつ乗客定員 9 名以下としています。

本人確認

　無免許で空飛ぶクルマを飛ばすことは、非常に危険です。また、他人の免許証を盗んで使う、免許証を偽造して使うなど、知識と技量がない人間が空飛ぶクルマを飛ばすのは、非常に危険です。

　空飛ぶクルマを免許無しに飛ばすことを防止するために、空飛ぶクルマの免許証は IC チップを組み込み、免許証を空飛ぶクルマに設置されたカードリーダーに入れなければ、起動しないようにしておくのも一つの方法です。

　免許証で許可されたカテゴリー以外の空飛ぶクルマを動かそうとしても動かないようにしておけば危険を防止できます。

　更に、IC チップに生体認証情報を確保しておき、免許証を所持している本人が運転しようとしているかどうかを確認すれば、他人の免許証を使って飛行することができなくなりますし、空飛ぶクルマの盗難対策にもなります。ただし、IC チップに生体認証情報が書かれている場合、他人の免許証を盗んだ後、生体認証情報を書き換えて飛ぼうとする人間が出てくるかもしれません。

　最終的にはセンターに生体認証情報を保存しておいて、デジタル通信でセンターに保存された生体認証情報と、操縦しようとする人の生体認証情報を確認すれば、他人の免許証で飛ぶことも、免許証の偽造もできなくなります。

身体検査証明

　空飛ぶクルマの乗員には身体検査証明が必要です。定期的に身体検査を行い、基準に合格すれば身体検査証明書が発行されます。特に心臓、脳などに異常がないこと、視力、色覚、聴音などの身体能力が適正であることが求められます。

無線免許

　空飛ぶクルマは条件によって無線設備を持たなければなりません。また様々な電波を発する機器を使用しなければいけない場合もあります。空飛ぶクルマで無線通信を行う場合、又は空飛ぶクルマに装備した、電波を発する機器を使う場合、無線免許が必要となります。

　この無線免許には2種類あります。有償で旅客や貨物を運ぶ場合、航空無線通信士の資格が必要になります。航空無線通信士の試験では工学、法規、筆記と会話の英語問題が出題されます。

　有償で旅客や貨物を運ばない場合、航空特殊無線技士の資格が必要になります。航空特殊無線技士の試験では工学、法規の問題が出題されます。

アルコール

　空飛ぶクルマを運航するとき、乗員は、アルコールや薬物の影響下にあってはいけません。アルコールは一定時間より前には、飲むのをやめなければなりませんし、影響が残るほどの量を飲んでもいけません。乗務前にはアルコール検査を行って、アルコールが残っていないことを確認しなければなりません。空飛ぶクルマでは判断間違いや、操縦の間違いの影響が従来の自動車より遙かに大きくなります。アルコールに関する規定を破る人は、空飛ぶクルマの免許証を取り上げてもよいのかもしれません。

薬物

　空飛ぶクルマの乗員は、薬物の影響下にあるときは、乗務してはなりません。眠くなる薬や、精神に影響がある薬を飲んでその影響下にあるときに空飛ぶクルマの操縦をしてはいけないのは当然ですが、たとえ市販薬でもその影響が残っている可能性がある間は乗務してはいけません。

　影響が少なそうな市販薬でも、一般的には、薬を飲んでから乗務するまでに、その効力の 2 倍の時間を空ける必要があります。1 日 1 回の使用で良い薬は、有効時間が 24 時間ですので、薬を飲んでから、24 時間の 2 倍の 48 時間しなければ乗務してはなりません。同様に 1 日 2 回の薬では 24 時間、1 日 3 回の薬では 16 時間、1 日 4 回の薬では 12 時間たたなければ乗務してはいけません。

空飛ぶクルマの操縦

　空飛ぶクルマの乗員に対して一番重要なのは教育、それもモラルの教育です。空飛ぶクルマは自由に空を飛べるために、社会の根本的なインフラに衝突して、それを壊すこともあり得ます。最終的には、危険な操縦をして警告にも耳を貸さない場合は、コントロールセンターからの指令で自動操縦装置がオーバーライドして粗暴な操縦はできないようにすべきだと思います。そんな装置が出てくるまでは、各乗員のモラルに頼るしかありません。

　操縦装置の作り方にもよりますが、ドローン型の空飛ぶクルマの操縦は、飛行機やヘリコプターに比べてはるかに簡単です。

　操縦技術よりも、操縦する心構えや態度、行動様式が重要です。EHEST（European Helicopter safety Team）　「トレイニング　リーフレット　意思決定」に以下の危険な態度が書かれています。空飛ぶクルマの操縦教育では、まずこの危険な態度の除去に努めなければなりません。

		危険な態度	解毒剤
反権威		「指示するな！」　この態度は、指示されるのを嫌う人にみられる。ある意味で、規則や法律、手順などは不必要とみなす傾向がある	規則に従え。通常、規則は正しいもの
衝動性		「今すぐに何かしなければ！」　往々にして、とにかく即座に何かしなければならないと思ってしまう人の態度。何をしようとしているか考える時間をとらないため、最善の選択肢を選ばない場合が多い	焦るな。まず考えて、さらによく考えよ
不死身		「自分には起こるはずがない」　多くの人が事故は他人には起こるが、自分には絶対起こらないと思っている。このタイプのパイロットは、自分が個人的に巻き込まれることなど全く感じることも考えることもない。このような考え方のパイロットは危険を冒しがちで、リスクを増加させる可能性が高い	自分にも起こり得る
己中心的	男っぽさの誇示／自	「自分にはできる。見せつけてやる」　このタイプの態度をとるパイロットは、自分が優れていることを証明し、他人に自慢するためにリスクを背負う場合が多い	リスクを背負うことはばかげたこと
諦め		「何になる？　自分にできることなど何もない」　良かれ悪しかれ、このタイプのパイロットは処置を他人任せにする。このようなパイロットは、時に「良い人」になるためだけに無茶な要求にでも応えようとすることがある	自分は無力ではない。変えることができる

日本ヘリコプター協会　翻訳　EHEST　トレーニング　リーフレット　意思決定を元に作成

同じリーフレットに行動トラップとバイアスについて書かれています。空飛ぶクルマの操縦教育ではこのトラップに陥らないように、バイアスを持たないように教育することも重要です。

行動トラップとバイアス	
同調圧力	不適切な意思決定は、客観的な状況判断ではなく、同僚に対する感情的な反応に基づいている場合がある。同僚が提案した解決策がたとえ誤っていても、それ以上の評価を行うことなく受け入れてしまう
確証バイアス（固執）	個人の先入観に対する確証を得たり、既に下された決定を補強するような情報を探したり、都合よく解釈したりする傾向。反証を考察しなかったり、無視したりする。固執とは、このような習性が持続する場合に使用する用語
自信過剰	現実以上に自分のスキルや能力に自信をもつ傾向
損失回避バイアス	損失を避けることを好む傾向。計画の変更は今まで注いだ努力をすべて失うことを意味する。決断を覆すのが困難なことがある理由を説明する
アンカリング・バイアス（注意力のトンネル化）	1つないし数個の要素や情報の断面のみに過度に依存したり（アンカー）、焦点を絞る傾向
自己満足	潜在的なリスクに対する認識不足と相まって、自分のパフォーマンスに自己満足している状態。状況に満足しているが、監視不足に陥る場合が多い

日本ヘリコプター協会　翻訳 EHEST　トレイニング　リーフレット　意思決定を元に作成

有視界飛行方式と計器飛行方式

現在の飛行機の飛び方には、主に目で見て進路を決め、他機との衝突をさけて飛ぶ飛行方式である有視界飛行方式（VFR: ブイエフアール　Visual Flight Rule）と、高度、経路、速度等を全て管制官の指示に従って飛ぶ飛行方式である計器飛行方式（IFR: アイエフアール Instrument Flight Rule）2つの方式があります。

空飛ぶクルマは当面は、有視界飛行方式のみによる運航となると思われます。

なぜ、雲に入ってはいけないのか

有視界飛行方式では雲から離れて飛ばなければなりません。
では、なぜ雲に入ってはいけないのでしょうか?

雲に入るとその中に山などの地形や、ビルや塔などの障害物が隠れていてもわかりません。それらに衝突する危険性があります。

雲に入ると、空飛ぶクルマの姿勢がわからなくなります。雲の中で正しく操縦するために

は、雲の中でも飛べる計器が装備されているとともに、全く外界が見えない状態で正しく操縦できなければなりません。操縦する者は、そのための練習を終え、資格を持っていなければなりません。

　濃密な雲の中では、機体が帯電して、GPS の電波が受信できなくなり、自機の位置がわからなくなる危険性があります。また、全ての通信ができなくなる危険性があります。

VMC(ブイエムシー　Visual Meteorological Condition)

有視界飛行方式で飛ぶ場合に最初に問題となるのが VMC(ビジュアル　メテオロジカル コンディション)です。有視界飛行方式では外を見て飛ぶのが基本です。そのため遠くが見えるように最低の視程が定められています。また雲の中に入ることは許されません。雲からの最低の距離が定められています。有視界飛行方式で飛ぶ場合にはこの VMC 以上の気象条件が必要です。空飛ぶクルマは 3,000m 以上の高度を飛行することは通常ありません。

飛行高度 3,000m 未満の場合と、地表から 300m 以下の 2 種類の VMC を守ることが必要となります。

飛行高度 3,000m 未満の場合

A：管制区または管制圏を飛行する場合で飛行視程 5,000m 以上

B：管制区および管制圏以外の空域を飛行する場合で飛行視程 1,500m 以上

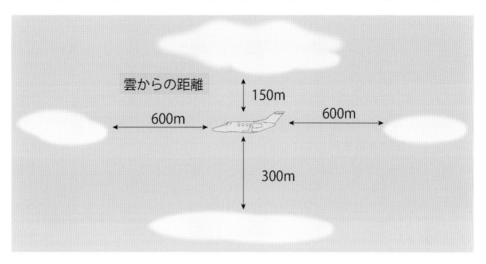

飛行高度が地表から 300m 以下の場合

C：管制区および管制圏以外の空域を飛行する場合で飛行視程 1,500m 以上

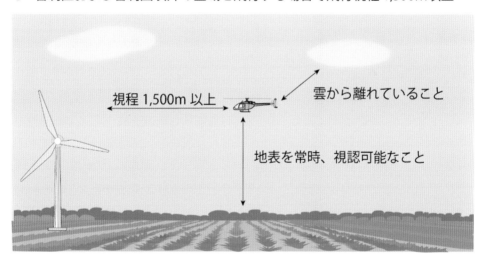

天気が悪化し始めたら

　EHST の分析では、ヨーロッパにおけるヘリコプターの事故は、次に示す 3 つのシナリオのいずれか、若しくは組み合わせたものによって深刻な事故に至る可能性があることを示しています。A、B 及び C の大部分は天候の悪化に関係します。視程が悪くなってきた場合や、雲が低くなってきた場合に早めに飛行を中断し、出発地に戻るか、安全に着陸できる場所に着陸しておけば事故の大半は起きないはずです。

A ≫ 視界の悪い地域を回避する操作をし、制御不能に陥る。例：低視界環境のため引き返す、降下する、又は上昇する。
B ≫ 不測の計器飛行状態（IMC）になり計器飛行へ移行する際、空間識失調又は制御不能に陥る。
C≫ 状況認識の喪失に陥り、操縦可能な状況であるのに地面、水面、障害物に衝突（CFIT）、又は空中衝突する。
　　日本ヘリコプター協会　翻訳 EHEST　トレイニング　リーフレット　安全に対する配慮より抜粋

VMC オントップ（ブイエムシーオントップ）

　雲の上に上がり、雲がないところを VFR で飛ぶことを VMC オントップと言います。

　昔から「VMC オントップは悪魔の誘い」と言われます。確かに雲の上に上がれば障害物もなくスムーズなフライトができるのですが、目的地に近づいて降下しようとしても雲の切れ間がなく降下することができなくなってしまうときがあります。

　雲の上に上がって良いのは、目的地付近で雲に隙間があり、その隙間を通って降下できることが判っているときだけです。

計器飛行方式

空飛ぶクルマは最初外界を見て飛ぶ有視界飛行方式による飛行に限定されます。しかしながら将来的には雲や霧、夜間など外界が見えない状態でもあらかじめ定められた方式に従って飛ぶ、計器飛行方式での飛行が認められるようになると思われます。計器飛行方式で飛ぶ場合、それに対応した装備も必要ですし、操縦者には計器飛行ができる資格が必要になります。

見張り義務

空飛ぶクルマの操縦者には、見張り義務があります。有視界飛行方式で飛んでいるか、計器飛行方式で飛んでいるかに関わらず、外部が見える気象状態のときには、周囲を見回し、他の空飛ぶクルマ、飛行機、ヘリコプター、ドローン、飛行船、障害物、地形等と衝突しないように飛ばなければなりません。

進路権

上空で互いにぶつからないようにするためには避け方が決まっています。

航空機は様々な種類に分かれます。上空で二機の航空機が出会った場合、動きやすい航空機の方が避けなければならないという決まりです。空飛ぶクルマも自分で動力を持って推進しているので、上空で動きにくい航空機と進路が交差、接近する場合には空飛ぶクルマの方が避けなければなりません。今後の法律次第ですが、飛行機に対しても空飛ぶクルマが避けなければならなく可能性が高いと思われます。

飛行の進路が交差し、又は接近する場合における航空機相互間の進路権の順位は、次のように定められています。
一　滑空機
二　物件を曳航している航空機
三　飛行船
四　飛行機、回転翼航空機及び動力で推進している滑空機

注：航空法施行規則第 180 条

もし進路権が同じ飛行機やヘリコプター、動力で推進している滑空機と進路が交差接近する場合には、他の航空機を右側に見る方が進路を譲らなくてはなりません。

注：航空法施行規則第 181 条

もし進路権が同じ飛行機やヘリコプター、動力で推進している滑空機と正面又はこれに近い角度で接近する飛行中の同順位の航空機相互間にあっては、たがいに進路を右に変えなければなりません。

注：航空法施行規則第 182 条

　飛行中の航空機を他の航空機が追い越そうとする場合には、追い越そうとする航空機は、追い越される航空機の右側を通過しなければなりません。もちろん十分な距離をとるのは言うまでもありません。

注：航空法施行規則第 185 条

航法

　航法とは、あらかじめ決めた経路の上を飛ぶ方法のことです。現在 VFR の小型機の航法としては、地文航法、推測航法、電波航法、広域航法の 4 つがあります。航法については、詳しくは、拙著「役にたつ VFR ナビゲーション」鳳文書林出版販売（株）をお読みください。

地文航法

（画像は Google　Earth より）

　地文航法は、目で地形を見て飛ぶところを判断して飛ぶ方法です。航空図の上に線を引き、その線の上を飛ぶように周りの地形を見て方向を変えながら飛行します。地形の判断にはかなりの熟練が必要です。判断を間違えると、全く違う場所に飛行してしまうこともあり得ます。

推測航法

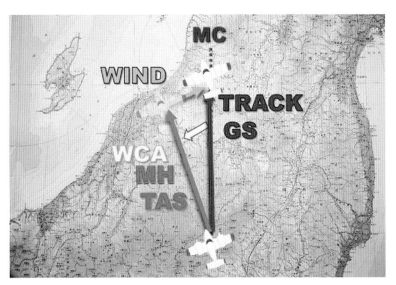

(提供:国土地理院地図上に加工)

　海の上などの目標物がない場所を飛行する場合や、雲や霧などで地表が良く見えない場合に使用する航法です。地上でフライトログを作り、予想される風から、飛ぶべき磁方位を算出します。また経路上の変針点までの予想時間も算出します。

　飛び出したら算出した、磁方位を維持して飛びます。途中のチェックポイントで風に流された角度を測定します。またチェックポイントまでの所要時間からグランドスピードを計算します。維持した磁方位、風に流された角度、グランドスピード、実際に飛んだ TAS（タス True Air Speed）から風を推察します。その風を使って、変針点までの磁方位や、通過予定時刻を修正して飛行します。

電波航法

　あらかじめ地上に設置された VOR 局（ブイオーアール）などが出す電波を利用して飛ぶ航法です。定められた経路上しか飛ぶことができません。また GPS の発達により、VOR 局は暫時運用を停止しています。

RNP(アールエヌピー)航法

　後述するように空はどこでも自由に飛べるわけではありません。非常に多くの制限が付きます。地文航法、推測航法、電波航法だけでこれらの制限をすべてクリアーするのは難しくなっています。これからは GPS を使用して、障害物や制限空域を避けながら飛ぶ RNP 航法が主体となっていくと思われます。

航空図

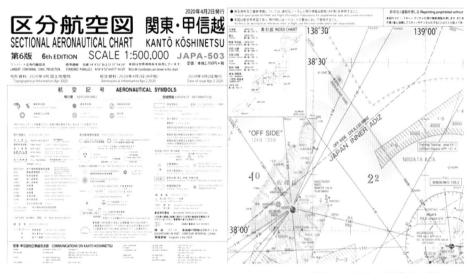

（提供：**日本航空機操縦士協会**）

　空を飛ぶときに使う、地図が航空図です。日本で VFR ナビゲーションに使われる地図は、区分航空図と呼ばれる地図です。縮尺は、 1/500,000 で JAPA（ジャパ　日本航空機操縦士協会）により発行されています。

　普通の地図との一番大きな違いが、山や障害物の高さがフィートで書かれていることです。また距離の単位は、NM（ノーティカルマイル、海里）です。その他、様々な航空に特化した記号が印刷されています。北海道から小笠原まで何枚かの地図に別れています。

　また、角度が測りやすいように、緯度線、経度線が多数書かれています。

プロッター

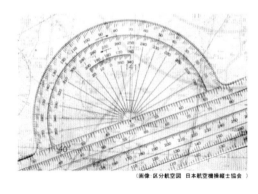

（画像：区分航空図　日本航空機操縦士協会　）

　航空図の２点間の方向や距離を測る道具がプロッターです。プロッターには固定式のものと回転式のものがあります。

航法計算盤

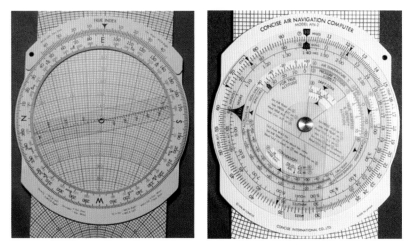

TTC 株式会社　AN-2（ティーティーシー株式会社エーエヌツー）

　フライトプランを作ったり、機上で風を出したり、飛ぶべき方向を決定するのには、航法計算盤が必要になります。

　写真左がベクトル面です。ベクトル面はわかっている風から、飛ぶべきヘディングを算出したり、逆に風に流された角度と、速度から、風向風速を算出したりと、風を扱うために使います。
　写真右が計算尺面です。計算尺面は対地速度を出したり、燃料消費量を計算したり、途中でかかる時間を計算したりと、掛け算、割り算を使った計算に使います。

飛行禁止空域

空飛ぶクルマが万が一墜落すると、場所によっては多くの人命が失われ、また社会に非常に悪影響を及ぼします。そのため空飛ぶクルマの飛行禁止空域が厳しく定められています。
空飛ぶクルマは飛行禁止空域を飛行してはなりません。

これを守らなかった場合にはライセンスの停止、剥奪、罰金、禁固と様々な処罰が与えられます。

飛行禁止空域を大きく区分すると
- 万が一墜落したときに社会システムを大きく損傷する空域
- 万が一墜落したときに多くの人命が失われる空域
- 飛行することが危険を誘発する空域
- 飛行することが他の航空機等に危険を及ぼす空域
- 空飛ぶクルマ自体が危険にさらされる空域

万が一墜落したときに、社会システムを大きく損傷する空域としては以下の場所の上空が上げられます。

- 原子力発電所
- 火力発電所
- ダム
- 橋
- スカイツリー、東京タワーなどの塔
- 変電所
- 送電線
- 石油コンビナート
- 化学コンビナート
- 石油備蓄基地
- 鉄道
- 高速道路
- 国の重要な施設

（国会議事堂、首相官邸、危機管理行政機関、最高裁判所、皇居、御所、政党事務
　　所等）

- 防衛省重要建物
- 在日米軍施設
- 外国公館

等が上げられます。

　万が一墜落したときに多くの人命が失われる空域の例としては、以下の場所の上空が上げ
られます。

- 人口密集地帯
- 駅
- サッカースタジアム
- 野球場
- 音楽コンサート会場
- 海水浴場
- 花火大会
- 祭りの会場
- 遊園地
- 病院
- 学校
- スキー場
- 自動車サーキット
- 展覧会場
- 高層ビルの近傍

等が上げられます。

　飛行することが危険を誘発する空域としては、以下の場所の上空が上げられます。

- 雪崩を誘発しかねない場所の近傍
- 土砂崩れを誘発しかねない場所の近傍
- 火災や事故現場
- 登山者がいる山の稜線（りょうせん）や、山頂付近
- 船舶の近傍

等が上げられます。

飛行することが他の航空機等に危険を及ぼす空域としては

- 航空管制圏

- 特別管制区
- 訓練空域
- 進入表面近傍
- ヘリポート
- ドクターヘリ　ランデブーポイント
- グライダー滑空場
- パラシュートジャンプエリア
- ロケット発射場

等が上げられます。

空飛ぶクルマ自体が危険にさらされる空域としては

- 火山の火口付近の上空
- 自衛隊演習空域
- ロケット、ミサイル落下予想地点

等が上げられます。

　これらを目で見て判断するのは無理があります。空飛ぶクルマには、様々な制限を全て網羅し、かつ常に最新版にアップデートされた電子地図が必要です。これらの電子地図は上記の制限を避けたルートを表示し、また万が一飛行禁止空域や制限された場所に近づいた場合、警告をだすシステムでなければなりません。

　出発前に目的地を入力すると、様々な制限や気象状況を考えて、理想の経路を算出し、後はGPSを使って自動でその経路上を飛行するのが望ましい形です。

危険な操縦の禁止

　空飛ぶクルマが事故を起こすと、その被害は自動車事故の被害とは比べられないほど大きな事故となる可能性があります。また他人を死傷させる可能性が高くなります。

　そのため事故のリスクを増大させるような操縦をしてはいけません。

　空飛ぶクルマは
- 　急降下
- 　低空飛行
- 　人がいるところに向かっての飛行
- 　急激に姿勢や高度を変える飛行
- 　曲技飛行
- 　編隊飛行

などを行ってはなりません。

物件の投下の禁止

　物を空から落とすと、それが人に当たったり、電車の架線に引っかかったり、送電線をショートさせたりと、様々な危険を及ぼしかねません。事前の許可をもらった場合以外、空飛ぶクルマからはいかなる物件も投下してはなりません。

危険物の輸送禁止

　危険物を積んだ空飛ぶクルマが墜落すると、非常に大きな被害を及ぼします。

　また危険物は機内で、発火、爆発等を起こして空飛ぶクルマを墜落させる恐れもあります。

　空飛ぶクルマは航空法で定める危険物を積んで飛んではいけません。

　航空法第86条第1項、航空法施行規則194条第1項に定める危険物には

　火薬類、高圧ガス、引火性液体、可燃性物質類、酸化性物質類、毒物類、放射性物質等、腐食性物質、その他の有害物件、凶器、鉄砲、刀剣その他、人を殺傷するに足る物件があります。

ビルの屋上への離着陸

　ビルの屋上への離着陸は、万が一のビルへの衝突、落下等を考えるとかなりのリスクを伴います。強風時、突風が吹いているときなどはビルの屋上への離着陸を行わないようにしなければなりません。

　ビルの屋上の離着陸場で、一定速度以上の風が吹いていると風上、風下には上昇気流と下降気流が生じます。このような場合、風に直角な方向から離着陸すると空気の渦を避けて安全に離着陸できます。

山の稜線（りょうせん）の越え方

　基本的には空飛ぶクルマはある程度以上高い山の稜線を越えるのは避けるべきです。山の稜線近くでは乱気流が発生します。下降気流も存在します。また空気が渦を巻くことで気圧が下がり、高度計が実際より高く指示します。また山では、緊急事態に不時着できる場所がほとんどありません。

　基本的には、ある程度以上高い山は迂回して飛ぶべきです。もしどうしてもある程度以上高い山の稜線を越えなければいけない場合、性能を計算して十分な高度差がとれるようにしなければなりません。

　横方向に連なる山の稜線に風が吹くと、下降気流ができたり空気が渦を巻いたりします。横方向に連なる山の稜線を越えるときは、十分に高度差をとらなければなりません。またこのような場合、稜線に直角に飛んではいけません。横方向に連なる山の稜線に直角に飛ぶと、万が一下降気流に捕まって脱出するときに180度向きを変えなくてはならなくなります。このような場合、横方向に連なる山の稜線に対して45度の角度で、斜めに稜線を越えるようにします。万が一下降気流に捕まっても90度方向を変えるだけで離脱できます。

稜線の反対側

　横方向に連なる山の稜線の風上側では、空気が上昇することによって雲が発生します。風下側から山の稜線に近づいて、山頂付近にしか雲がないように見えても、稜線の向こう側は雲に覆われていて、有視界飛行ができないことがあります。稜線を越える前に、山の反対側の雲の状態を見極める必要があります。反対側が雲に覆われている場合、稜線は越えず、山を大きく迂回するルートを考えるべきです。

谷の飛行

　天気が悪いときに、ある地点から目的地に向けて飛ぶ場合、山の谷の道を進んで峠を越えようとしてはいけません。谷には電線や作業用のワイヤ、その他様々な物が張り巡らされています。地上から空を背景にして見るとこれらの電線やワイヤは良く見えるのですが、上空から山などを背景に見ると、電線やワイヤは全く見えません。これらに引っかかると確実に墜落します。

谷の道を進んでいくと、だんだんと地面がせり上がってきます。天気が悪い日にこのような飛び方をすると、やがて雲が出てきて雲に入らないと前に進めなくなってしまいます。このようなときに雲の下を飛ぼうと、高度を下げて地面近くを飛ぼうとすることは大変危険です。

　深い渓谷の場合、ベンチュリー効果により風の風速が増加します。風速が増加すると、気圧が下がります。高度計の指示が、実際の高度より高く示すことがあり、操縦者は安全な高度を飛行しているつもりでも、地面や障害物との高度差がないことがあります。このような場合、下降気流や気流の乱気流にあうと非常に危険です。

　　　　　注：ベンチュリー効果　　流れが狭い場所を通過すると、流速が増し、圧力が下がる現象

太陽に向かっての飛行

　朝日や夕日が正面にあるときの飛行は危険です。太陽のまぶしさで前方がよく見えないことがあります。障害物や他の空飛ぶクルマや飛行機が見えないことがありえます。この場合、太陽を正面に見なくてもすむように飛行方向を変え、ジグザグに飛ぶ方法が有効です。そのまま飛ぶと太陽に向かっての離着陸をしなければならないような場合、安全のためには太陽を正面に見ない方向から離着陸すべきです。

後方乱気流

　飛行機は後ろに後方乱気流を生み出します。後方乱気流は、飛行機の翼端から発生して下へ下へと動きます。また風がなければ飛行機の飛んでいる航跡から離れるように飛んでいきます。

　この後方乱気流の中は空気が渦を巻いています。空飛ぶクルマが大型機の通過した直後にこの後方乱気流の中に入ると、空飛ぶクルマは回転させられ、場合によっては墜落することさえあります。

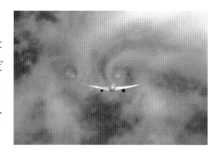

　空飛ぶクルマは、飛行機の直後の後方乱気流を避けなければなりません。後方乱気流は飛行機が大きくなればなるほど、また重量が重たくなればなるほど大きく強くなります。A380 のような大型機の後方を通過する場合は、かなりの距離を開けなければなりません。

ダウンウォッシュ

　空飛ぶクルマが空中に浮かぶためには、その重量以上の風を下に送らなければなりません。重量が 2 トンの空飛ぶクルマは 2 トンの空気を下に送ってその重量を支えなければなりません。

　このため何機もの空飛ぶクルマが飛ぶと空気全体としては下降気流が起きます。この下降気流の中を通過する空飛ぶクルマは、機体の重量に加えて下降気流の分まで揚力を作り出さなければなりません。

空飛ぶクルマは、基本的には他の空飛ぶクルマが飛んでいる下を飛ぶのは避けるべきです。

下方の安全確認

空飛ぶクルマが着陸するためには、下方の安全を確認する必要があります。もし下方が直接視認できない場合には、下方を監視するカメラが必要になります。

可能ならば赤外線センサーを装備して人や空飛ぶクルマが既に駐機場にいるのを確かめられればより安全になります。

直接下方を視認できない、空飛ぶクルマで、下方を監視するカメラが故障している場合に、垂直に離着陸するためには地上誘導員が必要となります。

この地上誘導員は、あらかじめ決められた規則に従って空飛ぶクルマを誘導します。空飛ぶクルマのパイロットになろうとする者は、この誘導に関する規則を理解しその指示に従って行動することが必要とされます。

ヘリコプターの地上誘導手信号

通常、腕の動きの速さはペース/緊急度を示している

ホバリング
腕を水平に伸ばし手の平は
下向きに

後進
両腕を下げて手の平を前方
に向け腕を前と上に上げる
動作繰り返す

停止
頭の上で両腕を繰り返し交差
する

降下
両腕を水平に広げ、手のひ
らは下にして下方に振る

横進
一方の腕を横に伸ばし、もう
一方の腕を移動方向に体の
前で振る動作を繰り返す

着陸
腕を下げ胴体の前で交差させる

上昇
手の平を上にして腕を水平
に伸ばし腕を上方に振る

前進
腕を上と後方へ動かす動作
を繰り返す

エンジン停止
どちらかの腕と手を胸の前で水
平に伸ばし、手の平を下にして
水平に動かす

EASA 資料より和訳抜粋

　下方が直接視認できない空飛ぶクルマで下方監視カメラが故障していて、かつ地上誘導員がいない場合には、空飛ぶクルマは垂直に着陸してはいけません。この場合、空飛ぶクルマは、航空機と同じようにまずバーティポートの横に飛行し、地上に障害物や人がいないことを確認します。着陸は斜め前方に向かって高度を降ろしていきます。

　こうすることによって常時着陸する場所を目視で確認しながら進入着陸することができます。

ボルテックス・リング

FAA Helicopter Flying
Handbook より抜粋

　ボルテックス・リングとは、ブレードが下に吹き出した空気がブレードの上方に周り、ブレードの周りだけ空気が循環して揚力がなくなる現象を言います。この状態に陥ると重量を支えることができなくなって地面に墜落します。

　ボルテックス・リングに入ると降下率が、ボルテックス・リングに入る前の少なくとも3倍になります。ボルテックス・リングは、対気速度30 kt 未満で飛行中、ブレードが作り出す下降気流に近い降下率で降下しているときに発生します。

　ボルテックス・リングに入ると、幾らモーターの回転数を増加させても、上昇することはできません。この状態から脱出するためには、前方への速度を増す必要があります。低空では障害物があり、前方に速度を増すことができない状態もありえます。

　ボルテックス・リングに入らないためには、
- 降下率を大きくしすぎない
- 上空で完全停止してホバリングの状態から垂直に下降するのではなく、着陸する場所を目指して斜めに降下して着陸する
- 急角度での着陸進入を行わない
- 背風の着陸進入を行わない
- 背風ときに急停止しない

ことが重要です。

注：セットリング・ウィズ・パワーとも言われます。

注：地面にごく近い高度では、下方に吹き下ろされた空気が横に広がるために、ボルテックス・リングは発生しません。このため EASA が提唱しているように、ごく低い高度では垂直に離着陸することができます。

火災

　複合繊維でできた部材の欠点の一つが、熱に弱いことです。例えば力学特性及び成形性に優れ航空機用複合材料として標準的に使われるエポキシ樹脂の場合、耐熱温度は 120℃程度です。耐熱ポリイミド複合材料は耐熱温度 300℃を越えますが、成形性や力学特性に劣ります。複合繊維は火災が起きて高温にさらされると急速に強度が失われます。このため火災が起きた場合には直ちに安全に着陸できる場所に着陸しなければなりません。

運航上のリスクとその回避方法

　空飛ぶクルマの運航には様々なリスクが存在します。ここではその中から典型的なリスクとその回避方法について幾つかの例を挙げていきます。

- ブレードが損傷したら直ちに安全に着陸できる場所に緊急着陸する
- モーターが停止したら直ちに安全に着陸できる場所に緊急着陸する
- バッテリー火災が起きたら消火した後、そのバッテリーを含む系統を停止して直ちに安全に着陸できる場所に緊急着陸する
- バッテリーが発熱したら、そのバッテリーを含む系統を停止して直ちに安全に着陸できる場所に緊急着陸する
- 鳥と衝突して前方が見えなくなった場合は、右に飛行して安全に着陸できる場所に緊急着陸する
- 衝突警報が作動したら警報が示す他機と反対方向に飛行する
- 雨、雪、もや、等による前方視界不良　直ちに180度向きを変えて離脱する
- マイクロバーストに入ったら出力を最大にすると同時に、直ちに180度向きを変えて離脱する
- 激しいタービュランスに遭遇したら直ちに180度向きを変えて離脱する
- 着氷しだしたら直ちに外気温度が0℃以上の空域まで降下する。その後、間欠的にモーターの回転数を上げて氷を吹き飛ばす
- 操縦者の体調が悪くなったらエマージェンシィボタンを押して、自動的に安全に着陸できる場所に緊急着陸する
- バッテリー残量30%以下になったら安全に着陸できる場所に緊急着陸する
- GPS信号が失われたら目視で飛行を継続する。自機の位置が不明確になった場合には、安全に着陸できる場所に緊急着陸する

気象

空飛ぶクルマと気象条件

　空飛ぶクルマの飛行は気象条件に制約を受けます。有視界飛行方式で飛行する場合は、航空法で定める VMC を守らなければならないのは当然ですが、その他にも、飛行をしてはいけない場合や、避けるべき天気が多数存在します。空飛ぶクルマの性能がどんなに上がっても、飛べない気象条件が存在します。危険な天気には近づかない、迷ったら安全な方を選ぶことで、事故に遭わずにすみます。「大丈夫だろう・・」で飛行することは、危険です。

視程

　遠くを見るときにどれぐらいの距離までのものが見えるかを視程といいます。

もや、霧

　視程が悪化するのは空気中に多数の水滴が浮いている状態になるからです。水滴の粒が大きいほど、水滴の数が多いほど視程は悪化します。空気は温度が高いほど、大量の水蒸気を含むことができます。温度が下がるとそれまで含むことができた水蒸気を、水蒸気の形では含むことができなくなります。そうなると水蒸気は、集まって水滴となります。大量の水蒸気を含んだ空気が、何らかの理由で温度が下がると、水滴が生じ視程が悪くなります。

　上空に上がるに従い気温が下がります。空気は気温によって中に含むことができる水蒸気の量が変わります。

　気温が下がると水蒸気としては存在できる水分が減少します。あまった水分は水滴になります。空気の中にこの水滴が増えるほど、水滴の粒に邪魔されて遠くが見えな

くなります。この水滴が、視程が悪化する原因になります。

　有視界飛行では、パイロットは外界を目視で飛行することが求められます。その際、VMCコンディションを維持することが求められます。

　ここで最も問題となってくるのが霧です。視程が 1km 未満になった場合を霧と呼び、1km以上の場合には霧とは呼ばずに「もや」と呼びます。実は霧と雲は同じものです。空気中に小さな水滴の粒がたくさん浮かんで、遠くが見えなくなる状態です。このうち地面から離れたものを雲と言い、地面についているものを霧と言います。山の上にかかった雲は、山の下の低い地面から見れば雲ですが、山の高い所を歩いている人にとっては霧になります。

　VMC では高度 3,000m 未満では、視程 5,000m 以上、地表から 300m 以下では視程 1,500m以上が求められます。既にもやの段階から、有視界飛行では飛ぶことができません。

　特に気をつけてほしいのが、夕方雨が降っているときです。雨が降り続いていると空気中の水蒸気が非常に多くなります。ここで温度が下がってきても、雨が降っている間は、雨粒が水滴をたたきおとすので、視程は保たれます。この状態で雨が降りやんで、かつ夕方で気温が下がると、視程は一気に悪化します。遠くまで見えていたのが数分間で全く前が見えない状態になることもあります。このような場合は、なるべく早めに着陸するのが安全です。

風速制限

　風が強く吹くと、地形や建物により渦ができます。空飛ぶクルマにとってこの渦が大敵です。通常の空飛ぶクルマは一定以上傾くと修復できません。場合によっては、修復するためにはモーターを逆回転させブレードが負の揚力を発生させる必要があります。

　ブレードの長さが短く、優れたジャイロとコンピュータを使って、モーターを逆回転させることにより非常に強い回復力を持った空飛ぶクルマ以外は、激しすぎる渦にあうと墜落する危険性が高くなります。

　強い風が吹くのは、台風、寒冷前線、ガストフロント、ダウンバーストなどの時です。

　寒冷前線が通過する前にも強い南風が吹きます。

　一定以上の風速の風が吹くときは空飛ぶクルマは飛行すべきではありません。空飛ぶクルマの性能は様々です。どれぐらいの風が吹いたら飛行を止めるかは、機種ごとに違います。

ビル風

　ここで特に気をつけなければいけないのがビル風です。ビルの周囲はビルを避けて風が流れるために、非常に強い風が吹くことがあります。空飛ぶクルマがこの風に流されてビルに衝突したら大変です。衝突した場所と速度によってはビルが倒壊することすらありえます。空飛ぶクルマは、高層ビルのすぐ近くを飛んではいけません。高層ビルからやや離れた

安全なところに、離着陸場を作るべきです。離着陸場とビルの間は電気自動車やタクシーを使うべきです。

横方向移動速度

　空飛ぶクルマにおける性能要件では、横方向の移動速度も重要になります。

風は常に一定速度で吹いているわけではありません。風は、強くなったり弱くなったりします。また地面から少し離れるとその風速は急激に増加します。

ビルの近くを飛行する場合や、後述の空のハイウェイを飛行する場合は、十分な横方向の速度が必要になります。

積乱雲

左：発達中の積乱雲　右：衰退期の積乱雲

積乱雲は入道雲のことです。他の雲と違い垂直に発達します。空飛ぶクルマにとって積乱雲は脅威です。積乱雲の中では、激しい上昇気流のすぐ隣で激しい下降気流が存在します。空飛ぶクルマがその中を飛ぶと、非常に大きな力がかかって空飛ぶクルマが破壊されます。また非常に激しい空気の渦に巻き込まれると、安定を失って墜落します。

積乱雲の下の降水域では雨粒に空気が引きずられ下降気流が起きています。この下降気流は空飛ぶクルマの上昇性能を上回っている可能性があります。出力全開で上昇しようとしても機体が降下してしまうことが起こりえます。積乱雲の下の降水域には絶対に入ってはいけません。

積乱雲の下にはマイクロバーストが発生することがあります。マイクロバーストの中に入ると、出力全開で上昇しようとしても機体が降下してしまうことが起こりえます。

積乱雲の発生や発達状況をつかむには、気象庁のひまわり画像のページで間隔を2分30秒にして見るのが一番です。発生から発達、衰弱までの様子が非常に良くわかります。

積乱雲が発達するのには幾つかパターンがあります。
寒冷前線、活発な温暖前線、台風、寒冷渦、上空の寒気などがあります。

寒冷前線はその通過前後は空飛ぶクルマは飛んではいけません。寒冷前線が通過する前に着陸するか、寒冷前線が通過するまで離陸を延期しなければなりません。間違っても飛びながら寒冷前線を通過しようとしてはいけません。

活発な温暖前線も積乱雲が存在するうちは、空飛ぶクルマは飛んではいけません。

　上空に寒気が存在しているとき、かつ空気中に大量に水蒸気が存在するときに、地上が日射で熱せられると、積乱雲が発達します。500 hPa 面の空気と地上の温度差が 35℃以上あるときに、条件が揃うと非常に強い積乱雲が発生します。

　夏場、昔から雷3日（かみなりみっか）ということが言い伝えられてきました。夏場雷が起きるような天気は3日ぐらい続く、昨日、今日と雷が発生したら明日も発生する確率が高いという言い伝えです。

　雷道（らいどう）とは雷が通る道のことです。積乱雲が移動する道はある程度決まっています。夏場、秩父地方で発生した積乱雲は、東京国際空港の方に流れてくることが多くあります。同じように茨城県の大子（だいご）近辺で発生した積乱雲は、成田国際空港の方に流れてきます。各地方での雷道を把握しておくと、積乱雲の動きを予測することができます。

ダウンバースト　マイクロバースト

　空飛ぶクルマが避けなければならない気象条件の第一は、ダウンバーストです。ダウンバーストは、その大きさによりマクロバーストと、マイクロバーストに分かれます。

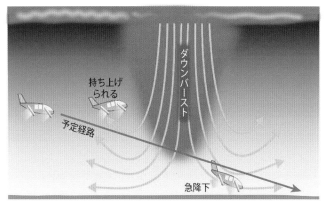

ダウンバーストが予定経路に与える影響

ここからは、マイクロバーストという用語を使いたいと思います。このマイクロバーストは、離着陸中の飛行機を地面にたたき落とすほどの強さを持っています。

マイクロバーストは、上空の冷たい空気の塊が地面に向かって落ちてくることをいいます。積乱雲の下で、非常に強い雨が降るとその雨粒の動きに引っ張られて強い下降気流が生まれます。下層の空気が乾いていると、雨粒が途中で蒸発します。そのときにさらに熱を奪われて空気の塊は、冷やされて重くなりいよいよ降下速度が速くなります。

マイクロバーストは、徐々に上空からの風が強くなるような形ではなく、大きな空気の塊が急激に地面に向かって落下することになります。

マイクロバーストに遭遇すると、空飛ぶクルマはその最大限の性能を使っても高度を維持することができません。そのまま地面に激突する危険性があります。

マイクロバーストは、ドップラーレーダーで探知することができますが、ドップラーレーダーは高価です。全ての空飛ぶクルマが、ドップラーレーダーを付けるわけにはいきません。日本の空港でも、ドップラーレーダーが設置されている空港は限られています。マイクロバーストを避けるための、一番有効な方法は積乱雲の下を飛ばないことです。

積乱雲は、気象衛星ひまわりや地上に設置されたドップラーレーダーによって探知することができます。この積乱雲の発達情報をいち早く空飛ぶクルマに送って、空飛ぶクルマが積乱雲の下を飛ぶのを避けなければなりません。

雹（ひょう）

空飛ぶクルマにとって雹は非常に危険です。雹はピンポン玉、野球ボール、更にはそれ以上に大きくなることがあります。

複合材でできたブレードに大きな雹が当たると、層間剥離が起きたり、内部の繊維が切れてしまいます。炭素繊維などで作られた複

合材は、雹に当たって強度が無くなってしまっても、外形が元に戻ってしまいます。多大な力がかかったことを発見するには、超音波探傷や表面に星型の小さな傷があることを見て判断します。今のところ複合材では、中の繊維が切れているかどうかを正確に確認する方法がありません。空飛ぶクルマは雹が予想されている空域を飛ばないことが必要です。地上で雹が予想されるような場合には、空飛ぶクルマを格納庫等に入れるか、ブレードの上に覆いをつけて、雹が当たらないようにしなければなりません。

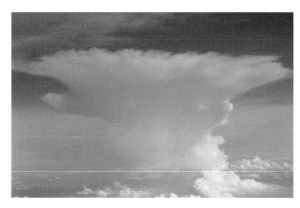

　発達した積乱雲の頂上が成層圏に達すると、積乱雲はそこから上に発達することができず、横に広がります。この広がった状態をカナトコといいます。

　直接、積乱雲の下を飛ばなくても、積乱雲の風下やカナトコの下では雹が降ってくることがあります。

　空飛ぶクルマは積乱雲の風下や、近傍、カナトコの下を飛んではいけません。

落雷

　従来の飛行機は翼や胴体は、アルミ合金で作られていました。アルミ合金に落雷しても電気は表面を流れるだけで機体内部には被害が及びません。雷が当たったところと、電気が抜けたところの両方に小さな穴が開くだけです。

　前にも書きましたが、炭素繊維の電気抵抗は、アル

ミの約千倍あります。抵抗が大きいところに無理に電流が流れようとすると発熱します。このため炭素繊維に雷が当たると、熱でプラスチックが溶け、筆の穂先のようにバラバラになることがあります。これを防ぐためには、ライトニングプロテクションストライプと言う、銅線を網目状に編んだものなどを表面に貼り付け、落雷があったときに機体やブレードの表面を電気が流れるようにする方法があります。

　また落雷により、フライト用のコンピュータや各種センサーが故障することも起こります。

　空飛ぶクルマが落雷を受けることは非常に危険です。雷雲のそばは避けて飛ばなければなりません。

　積乱雲の近傍を跳んだだけで、落雷することがありえます。このとき気をつけなければいけないのは、雷は上から下へと落ちるものではないということです。上空では積乱雲の近くを通過するだけで雷が水平に飛んで機体に落雷することがあります。
　空飛ぶクルマは積乱雲の下や積乱雲の近くを飛んではいけません。

強い雨

　強い雨が降ると、視程が悪化します。前方がよく見えなくなり、障害物との衝突の可能性が増大します。また、目視で自機の位置を確かめることができなくなります。

　非常に強い雨は、落下する雨粒に周りの空気がひきずられ下降気流が発生します。非常に強い下降気流の中では、出力を全開にしても高度を維持できなくなる危険性があります。非

常に強い雨の中では、雨に吸収されて、電波が受信できなくなります。GPS 信号が受信できずに空飛ぶクルマの位置がわからなくなる可能性があります。

雪

　雪が降ると視程が悪化します。

　降雪量が多いと、電波が雪に吸収されて受信できなくなります。GPS 信号が受信できずに空飛ぶクルマの位置がわからなくなる可能性があります。

　雪が降って着陸場に積もると、どこに着陸すべきかわからなくなります。着陸場を除雪しなければなりません。

ホワイトアウト

　雪が降っているときに一番怖いのがホワイトアウトです。地表が雪に覆われているときに、雪が降ると、操縦者からは地形がわからなくなります。山や丘に衝突する危険性があります。

台風

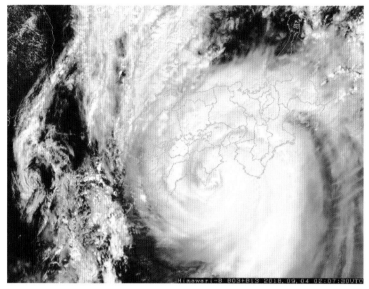

写真提供：気象庁

　当然ながら台風が接近しているときや、台風が過ぎ去っても風が強いうちは空飛ぶクルマは空を飛ぶべきではありません。

　強い風が吹けば、山や建物などに当たってそこで大きな渦ができます。空飛ぶクルマは、強い風に逆らってその位置を保持する力が必要になるとともに、大きな渦によって巻き起こされる姿勢の不安定にも対処しなければなりません。

　更に問題となるのが、風が強いときには様々なものが、空中を飛ぶことになります。屋根瓦、看板、折れた木の枝、これらにブレードが当たって損傷すると、揚力が失われます。同時に幾つもの物に当たって、複数のブレードが壊れることもありえます。

　こうなれば墜落を避けることができません。

　台風が接近しているときは、空飛ぶクルマは飛ばないようにするだけでなく、格納庫に収納するのが理想です。

　もう一つ、台風で気をつけなければいけないことがあります。台風が去ったあとは、たとえ空が晴れていても上空には強い空気の渦が残っています。この渦は、空飛ぶクルマの姿勢を不安定にして墜落させることもありえます。台風が去って晴れ間がのぞいたからといって、すぐ離陸するのではなく、風の強さや残された渦の強さを見極めなければなりません。

低温

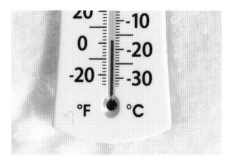

　　気温が低いときに問題となるのが、バッテリー性能の低下です。温度が低いときにはバッテリーはその容量が大幅に減少します。

　　自分では50km以上離れた場所まで飛行できるつもりでも、気温が低い場合には30kmしか飛べるだけの容量しかないことがありえます。

　　またバッテリーを急速に充電するためには、ある程度の温度が必要です。冷え切ったバッテリーには、高速で充電することができません。ある程度充電が進んでバッテリーの温度が上昇してくるまでは、非常に小さな電流しか流せず、充電までの時間がかかることになります。

　気温が低いときにもう一つ問題となるのは、高度計の指示の誤差です。高度計は、空気の圧力の変化しか測っていません。気温が低いと気柱が縮みます。そうすると、高度計が示している高度が、実際飛んでいる高度より高いことが起こります。高度計では十分に高さの差がある山を越えるつもりでも、実際には自分が思っているより、はるかに低い高度で飛んでいることがありえます。

　更にそこに山の風下の下降気流や、渦による気圧の低下などが加わると、山を飛び越えられるつもりでも山に衝突するといったことが起こり得ます。

　気温が低いときには、ブレードに霜や氷が付くことがあります。この霜や氷は取り除いてからでないと飛行してはなりません。また霜や氷の付き方がアンバランスな場合、振動を起こし、モーターやブレードを破壊することさえあります。

　ブレードに付着した霜や氷は、空気の流れを乱して、揚力を大幅に減少させます。霜や氷を取り除くのには、除氷液を使います。更に今後霜が付かないようにするには防氷液を使います。ただし防氷液もブレードが回転すると飛んでいってしまいます。

　上空に上がると気温が下がります。ブレードの防除氷装置がない場合に、空気中に水分がある状態で、上空が低温になる場合には、飛行を止めるのが賢明です。

着氷

機体やブレード、ファンに氷が付く状況を着氷と呼びます。

着氷が問題となるのはブレードに付着して、その形状を大きく変えてしまうことにあります。形状が変わるとブレードが作る揚力が急激に減少します。このため幾らモーターの回転数を上げブレードを高回転で回しても浮く力が全くなくなって空飛ぶクルマは地面に向かって降下するということが起こり得ます。

更に空飛ぶクルマの機体に氷が付くとその重量が大幅に増加します。揚力がなくなって重量が増加するのですから場合によっては墜落することもありえます。空飛ぶクルマは着氷域の中を飛ぶべきではありません。

着氷域はある程度はコンピュータで予測することができます。また高度を下げれば気温が上昇して着氷域を避けることができます。空飛ぶクルマはこのコンピュータが予測した着氷域を避けるように飛ばなければなりません。

空飛ぶクルマには外気温度計を備えて、外気温度を監視すると同時に雲や雪などのように空気大気中に水分がある状態で温度が低い状態を避けなければなりません。もし着氷域を飛行するのであれば様々な防氷装置が必要となります。ウィンドシールドやアンテナ、ピトー管などは電気を使ったヒーターを使って温めます。

もし付けるのなら、ブレードには幾つかの種類の防氷装置があります。一つは前縁部に電気ヒーターを付け電気を流して先端部分を温める方法です。もう一つがアルコールなどの除氷液を使う方法です。ブレードの根本から除氷液を流すことで、付着した氷を溶かしてはがします。この方法はブレードやファンブレードの表面に余計なものがないために抵抗が増加しません。その代わり除氷液の量には限りがあります。除氷液を使い切る前に安全な場所に着陸しなければなりません。

氷は気温が0℃以下になって初めて付着するわけではありません。空飛ぶクルマが高速で飛べば飛ぶほど空気が圧縮されて見かけの温度が上昇します。そのため空飛ぶクルマの外気温度計が0℃以上を指していても、着氷することがありえます。大気中に水分がある状態で、

防水装置を作動させる温度範囲は＋5℃以下のように 0℃よりも高く設定する必要があります。

またブレードやウィンドシールドだけでなくアンテナ類も防水装置が必要です。GPS の信号は非常に微弱であるため、GPS アンテナに厚い氷が付くと正しく信号を受け取ることができなくなります。無線通信のアンテナにも厚い氷が付くと無線通信ができなくなります。

対気速度や外気温を測るためのプローブにも氷が付くと正しい値が計測できなくなります。

過冷却水滴

水は 0℃以下になっただけでは凍りません。水が凍るためには、核となる小さなゴミや塩などの粒が必要となります。核がない場合には水は 0℃以下になっても凍らないことがあります。この凍らない水滴を過冷却水滴と呼びます。過冷却水滴は物に当たるとその衝撃で直ちに凍ります。

フリージングレイン

フリージングレインという気象条件があります。これは雨として降っているのですが、温度が 0℃以下になっても凍らずに水のままの状態で降ってくる過冷却水滴の雨です。フリージングレインが何かに当たると衝撃で直ちに凍り付きます。フリージングレインが降っている場合ブレードやファンブレードに当たると、着氷してブレードが作りだす揚力を大幅に減少させます。フリージングレインが報じられているときは、空飛ぶクルマは飛んではいけません。

高温

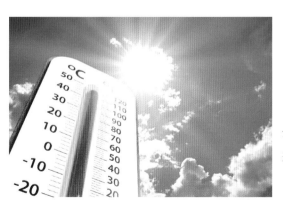

夏場、気温が35℃を超えることが珍しくなくなり、場所によっては40℃を超えるところも出てきます。特にアスファルトやコンクリートで固められた部分はより高温になります。

気温が高い場合に問題となるのが、空気の密度の低下です。気温が高いときには空気の粒の動きが大きくなるので、同じ圧力でも飛んでいる空気の粒は少なくなります。

このためブレードに当たる空気の粒が少なくなり、十分な浮力を得ることができなくなります。気温が高い場合には、離陸できる重量がどんどん小さくなります。このため気温が高いときには、定員を制限する、貨物の積載量を減らすといったことが必要になります。状況によっては気温が下がるまで飛行するのを待つことも必要になることがあります。

　前にも書きましたが、ネオジウムなどの希土類を使った磁性体は、温度が上昇すると急激に磁力が弱くなります。気温、太陽からの日射、コイルの発熱、ベアリングの発熱などが重なると、モーターの力が急激に弱くなることがあります。

　気温が高いときに、急速充電をするとバッテリー内部の温度が上がり、充電に時間がかかったり出力が大幅に少なくなる熱ダレ現象を起こすことがあります。バッテリーの冷却システムがあったとしても、気温が高すぎると有効に働かず、バッテリー内部の温度が上がって出力が減少します。このような場合は、充電時の電力量を制限して、バッテリーの内部温度が上昇しすぎないようにする必要があります。

山岳波

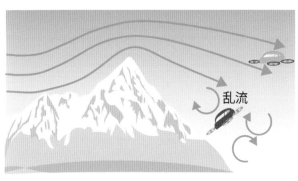

　強い風が吹いているときに、山の風下では山岳波という波ができます。また波とともに空気の渦ができます。この波や渦に巻き込まれるとタービュランスにあったようになり、空飛ぶクルマの安定が損なわれます。

　高さが 3,000 ft 程度の比較的低い山でも、山が山脈となって連なっているところに、直角方向に風が吹くと、風下に激しい山岳波が発生します。

　更に山の風下側では強い下降気流となっているときがあります。下降気流を上回る上昇性能がなければ空飛ぶクルマは山に叩きつけられることになります。

　もう一つ強い風が吹いている山の風下側で問題となるのが、渦を巻いた空気によって気圧が下がることです。前に述べたように空飛ぶクルマの高度計は、気圧を測定しています。局

地的に非常に下がった気圧の中に入ると高度計は実際よりも高い高度を指示します。この指示を信じて飛行すると、山に対して十分な高度差があるつもりでも実は高度差がなくて山に衝突することが起こります。

富士山の山岳波

　上空で強い風が吹くと、富士山の風下には飛行機を破壊するぐらいの山岳波が発生します。1966年3月5日に英国海外航空のボーイング707型ジェット旅客機が御殿場付近の上空で乱気流に巻き込まれ空中分解し墜落しました。上空の風の強い日に富士山やアルプスなどの山に近づいてはいけません。

火山灰

　火山灰にはシリコンが含まれます。シリコンは半導体なので、電気を通したり通さなかったりします。

　火山灰の中を飛んで、シリコンが電子機器に入り込むと、本来は流れてはいけない場所に電気が流れます。コンピュータが狂って姿勢制御ができなくなったりブレードを適切な回転数で回すことができなくなったりする可能性があります。またモーターへの電力が遮断されることもありえます。

その他火山灰に入ると、ウィンドシールドが傷ついて前方が見えなくなります。火山灰の中では電波が届かなくなるのでGPSによる位置の判定ができなくなったり、無線通信ができなくなったりすることがあります。火山灰は絶対に避けなければなりません。しかしながら、上空で雲とたなびいている火山灰の区別は非常に付けにくく、火山灰もただの雲に見えてしまいます。

VFR フライト（有視界飛行）のうちは雲に入らないように飛ぶので問題ないのですが、IFR フライト（計器飛行方式）で雲だと思って火山灰に入ると危険です。火山灰に入ると硫化水素の臭いがします。無線が聞きづらくなり、GPS 信号が受信できなくなります。

このような場合、管制官の許可をもらった後、直ちに 180 度旋回して元来た方向に戻るべきです。

砂塵嵐（さじんあらし）

春先の成田空港などでは、乾いた土の上を強風が吹いて茶色の土埃（つちぼこり）で前方がよく見えなくなることがあります。このように砂塵嵐の中では前方がよく見えない、モーターに土埃が入るなど様々な悪影響が出てきます。また砂の粒の多くはシリコンです。電気系統に入ると、全ての計器の指示や、制御がおかしくなることがあります。砂塵嵐の中は飛ばないのが鉄則です。

空のハイウェイ

　台数が少ないうちはいいのですが、空飛ぶクルマの台数が増えてきた場合には空のハイウェイを考える必要が出てきます。

　この空のハイウェイでは多数の空飛ぶクルマが同時に走行することができます。そのためには複数のレーンを設定する必要があります。レーンの設定の仕方には幾つかありますが、隣り合

ったレーン同士の空飛ぶクルマの飛ぶ高さを変えて、より衝突しにくくしなければなりません。

　空のハイウェイのレーンごとの間隔を設定するには、そこを飛行する空飛ぶクルマの機体の性能と様々な条件から計算した衝突確率をもとに設定しなければなりません。飛行機の航空路を設計するときには、衝突確率を計算してそれに基づいて設計されています。その思想の根本は衝突を絶対にゼロにすることはできないけれど衝突を1万年に1回程度起こる確率まで下げることはできるという思想です。

　衝突確率は機体の性能によります。性能の悪い機体は空のハイウェイを飛行することができない、又は性能の悪い機体は一番外側のレーンを低速で飛ぶことしかできないというような設定が必要になります。

幹線方向の空飛ぶクルマの高度

　空飛ぶハイウェイを作ったときに、一台一台の空飛ぶクルマが作り出す下降気流は全体としての下降気流になります。多数の空飛ぶクルマが飛行する下ではかなり強い下降気流ができます。

　その下を他の空飛ぶクルマが飛行しようとすると、一機だけでなく何十機もの空飛ぶクルマが作り出した下降気流の中を飛行しなければならなくなります。この場合、下を飛ぶ空飛ぶクルマは、非常に大きな揚力を作り出す必要が出てきます。

　このため空飛ぶハイウェイでは、幹線方向が一番低い高度になるようにハイウェイを設置しなければなりません。幹線を横切る経路は幹線の上を飛行すれば台数が少ないので幹線を飛ぶ空飛ぶクルマに対する影響は少なくて済みます。

安全管理

　空飛ぶクルマを使って運送業務を行おうとする会社は、安全管理規定を作成し、安全管理責任者を任命する必要があります。

　またアクシデント、インシデントレポートを作成し、法律の定めるところにより国土交通省に報告しなければなりません。

　アクシデントやインシデントに至らない事象でも、ヒヤリとした、ハットしたという事象が起こった場合には、ヒヤリ、ハットレポートを作成し、社内、社外に公表して他の乗員や社員がみて、将来の危険事象の芽をつめるようにしなければなりません。

保険

　空飛ぶクルマの保険は、従来の自動車の保険とはかなり異なります。従来の自動車は道路を走行します。そのため事故を起こしても他の自動車や歩行者、自転車などとの衝突事故又は自損事故が中心となります。

　一方空飛ぶクルマは任意の空間を飛ぶことができます。空飛ぶクルマが飛んではいけない空域が決まっていますが、将来は別として最初のうちは飛んではいけない空域に入るかどうかはパイロットに任されています。

　このため社会的に非常に重要なインフラや、衝突すると火災や大事故が起こる様々なものに衝突する危険性があり得ます。その場合の賠償責任は従来の自動車の比ではありません。

　また空飛ぶクルマがお互いに衝突する確率は、衝突防止装置や管制装置の性能によります。そのため非常に高度な事故発生の確率計算が必要となります。

　また空飛ぶクルマは、機体ごとに作り方がかなり違います。安全な作り方をしている機体もあれば、非常に不安全な作りをしている機体もありえます。

　このため機種ごとの危険率の判定も行わなければなりません。従来のように軽自動車、小型車、大型車といったような単純な分類では済まなくなります。これらを判定するためには、従来の方法とは全く違った計算方法をとる必要があります。

空飛ぶクルマの社会的影響

　空飛ぶクルマの社会的な影響について私なりに考えてみたいと思います。以下はあくまでも個人的な予想です。必ずしもこうなると決まったわけではありません。

　FAA は CFR14 PART23 Ammendment64 の中で、空飛ぶクルマのレベルを以下の 4 つに分類しています。

	乗客数
LEVEL 1	0〜1
LEVEL 2	2〜6
LEVEL 3	7〜9
LEVEL 4	10〜19

　これに合わせて考えてみたいと思います。

LEVEL 1

　LEVEL 1 の空飛ぶクルマの主要な用途は、通勤、操縦練習、スポーツになります。空飛ぶクルマの免許を取得するにしても、大型の高価な機体で練習すれば費用がかさみます。小型の安価な機体で練習するのが一番です。また小型の機体はそのまま自家用機として購入するのも容易です。大量生産によって値段が下がれば、自家用機として買える人が出てきます。ただし LEVEL 1 の空飛ぶクルマは搭乗できる人数も少なく、社会的なインパクトも限定的です。

　LEVEL 1 の空飛ぶクルマで問題となるのが、スポーツとして飛ぶ人間の中に、低空飛行を行ったり、急激に高度や進路を変えたりと危険な飛び方をする人間がでてくる可能性がある点です。万が一、住宅の上や人が大勢集まる場所で墜落すれば大事故となります。どうやって危険な飛び方をしないようにさせるか、危険な飛び方をする人間が飛ぶことができないようにするかが大きな課題となります。

LEVEL 2

　LEVEL 2 の空飛ぶクルマの主な用途は空飛ぶタクシーです。主として都市の中で渋滞を避けて移動時間を短縮するのに使われます。

　地方自治体による運航も考えられます。病院への送り迎え、買い物への送り迎えを空飛ぶタクシーで行えば、買い物難民、病院難民をなくすことができます。

　LEVEL 2 の空飛ぶクルマが飛ぶようになると便利にはなりますが、輸送人員が少ないので、社会的なインパクトはさほど大きくはありません。

各自治体にとって、大変なのが道路の維持管理です。人口や税収が減少する中、全ての道路を管理することは難しくなります。そこで、一部の道路については、自治体が管理をしなくなり、個人に管理してもらう時代がくると思います。LEVEL2 の空飛ぶクルマが自家用車として使えるようになれば、道路の管理そのものが必要なくなるかも知れません。

LEVEL 3

　空飛ぶクルマの乗客数が増えるほど、同じ経路を飛行した時の運賃は安くなります。LEVEL 3 の空飛ぶクルマが多数、運航するようになると、ほとんどの地方都市が、東京や大阪から日帰り圏内となります。小都市にある支社を廃止するか、規模を縮小し必要なときだけ大都市から出張するところも出てくるかも知れません。

　その反対に、東京や大阪または仙台、福岡などに比較的簡単に行くことができれば、大都市にあこがれて小都市を離れる人が少なくなるかも知れません。

LEVEL 4

　LEVEL 4 の空飛ぶクルマは、空飛ぶバスといって良いかと思われます。

　LEVEL 4 の空飛ぶバスが、多数飛行するようになると、安価に短時間で地方都市から札幌、東京、大阪、福岡などの大都市に行けるようになります。こうなると大都市に住む必要がありません。簡単に大都市に行けるとなると、地方都市に住み、必要があるときだけ大都市に通う人が増えます。大都市への人の集中がなくなり、人口分布が是正されます。

　本社やスタッフ部門を地方都市に移す企業も大幅に増えると思われます。本社やスタッフ部門を地方都市に移せば、オフィスのテナント料を大幅に減らすことができます。従業員の確保がしやすい上に、賃金水準が低いために、賃金を抑えることができます。企業にとって経費を大幅に下げることができます。従業員にとっても、住居費が安く、通勤時間が大幅に短くなります。満員電車で何時間もかかって通う必要がなくなります。保育園や幼稚園といった問題も解消します。大都市に比べてはるかに安い値段で土地と家が手に入ります。その分のお金で LEVEL1 や LEVEL2 の、空飛ぶ自家用車を持てば、住む場所の自由度が大幅に増加します。

　大都市から、企業の本社や管理部門が移転してくれば、地方自治体は、人口減少を食い止めることができます。移転してくる会社の規模によっては、人口増加につながります。人口が増加すれば、新しい店も増えてきます。

　大都市から、企業が移転してきた都市と、そうでない都市の間ではあきらかな差が生じます。土地を安く提供したり、税制で優遇したりといった、地方自治体による、企業の誘致合戦が始まるかもしれません。誘致に際して企業を優遇しても、人口増加により住民税や、固定資産税の増加が見込めます。労働人口が増加すれば社会保険料も抑えることができます。

人口が増えれば、地元で物を買う人が増え、地域経済が活性化します。学校や病院などの経営も楽になります。

　大都市では、人口の減少により交通渋滞が緩和します。保育所の待機児童もなくなります。オフィスのテナント料も下がります。タワーマンションなどの需要も減少し、販売数も減少します。大都市の人口が減少すれば、地震、火山の噴火、土砂災害などの災害時に被災する人が減少します。結果的に災害時に死傷する人も少なくなります。

　LEVEL 4 の空飛ぶバスが多数運行するようになると、日本の社会構造が大きく変わる可能性があります。鉄道の地方路線や、バスの乗客数は確実に減少します。地方のバス会社や、地方の鉄道会社は、自らが LEVEL 4 の空飛ぶバスを運行すれば、経営的に安定します。

空飛ぶクルマのメリット

　空飛ぶクルマの最大のメリットは、渋滞の上を飛んで行けるということです。これにより無駄な時間を過ごす必要がなくなります。コースを直線にとれるために、大幅な時間短縮が見込まれます。満員電車に乗って長時間通勤する必要性が薄れます。

　また現在の自動車では、運転していることに非常に多くのリスクがあります。空飛ぶクルマを使えば、あおり運転や高速道路の逆走、もらい事故など自分には全く責任がないにもかかわらず発生する多くの被害を避けることができます。また現在の公共交通機関では電車やバスの中でガソリンをまいて火をつける、全く無関係な人間を刃物で殺傷するなどの事件が起きています。コロナやそのほかの病気をもらうリスクも存在します。空飛ぶクルマでは、これらのリスクを減らすことができます。

　空飛ぶクルマではありませんが、ブラジルでは富裕層の間でヘリコプターによる通勤が行われています。ブラジルでは、誘拐ビジネスといわれるように、誘拐そのものが一つのビジネスのようになっています。渋滞した道路を車で走っていると、犯人が機関銃や銃を突きつけてビジネスマンを拉致します。このリスクを避けるためには、高層マンションに住んで、高層マンションの上のヘリポートから会社のある高層ビルの上のヘリポートまでヘリコプターで飛んで行きます。このようにすれば、通勤途上で誘拐される危険性はなくなります。

　空飛ぶクルマは通勤そのものを変えてしまうポテンシャルを持っています。

過疎化への対応

　日本では地方の過疎化が問題となっています。

　図は国土交通省が作成した日本の将来人口の推計です。このように日本の人口は1億2,000万人を最大とし今後どんどん減少していきます。

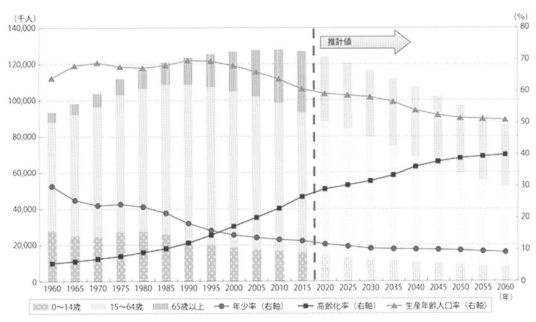

資料）2010年までの値は総務省「国勢調査」「人口推計」、2015年は総務省「人口推計」（2015年10月1日現在）、推計値は国立社会保障・人口問題研究所「日本の将来推計人口（2012年1月推計）」の中位推計より国土交通省作成

→ 2040年自治体消滅マップ

2040年までに日本の自治体の半数、
896の自治体が消滅の可能性

● 日本地図の赤色部分は消滅の可能性がある自治体
（出所：日本創成会議）

　図は日本創成会議が作成した、2040年の自治体消滅マップです。赤い色に塗られた部分は人口の減少により消滅の可能性がある自治体です。今人口が流出して限界集落が増えています。

首都直下型地震が予想され第二関東大震災が言われ、南海沖地震が懸念されていてもまだ多くの人が首都圏や太平洋沿岸に住んでいます。

大都会から離れて住めない理由に、地方では、仕事がない、学校に通うのが大変、買物が大変、いざというときに救急医療の助けがすぐに来ないというような点が挙げられます。

コロナの影響で多くの会社でテレワークが行われるようになりました。会議も ZOOM や、TEAMS のようなオンラインソフトを使って行う会社も増えてきました。
都会のオフィスのレンタル料は非常に高額です。このオフィスを全くなくすことは不可能にしても、ふだんの会議や仕事はテレワークを使って自宅でやってもらうようにして必要な人間だけ会社に集まるようにすればオフィスの面積は 1/3 や 1/4 にすることができます。これにより高額なオフィスのレンタル料を減らすことができます。

更に自宅でテレワークをしてもらえれば、電気代や通信回線料などは社員に払ってもらうことができます。毎日、交通費を支払う必要もありません。社宅や家賃補助も必要ないかもしれません。働く人間にしても毎日通勤電車で何時間もかけて会社の往復をする必要がなくなります。上手にやれば自宅で子供の面倒をみることもでき、保育園の待機児童問題もなくなります。また高額な保育園や幼稚園のお金を払う必要もなくなるかもしれません。

学校もオンラインによる高校、オンラインによる大学も増えてきました。このような高校ではいじめも発生しなくなります。いじめ問題、いじめによる自殺、わいせつ教師など様々な問題がオンライン化によって解決します。

現在のところオンライン化は、中学校や小学校までなかなかいっていませんが、将来的には中学校、小学校のオンライン化もあり得ることと思っています。

仕事と学校の住む場所による制限がなくなれば、後は買物と救急医療の問題です。

私の友人は近くに店がない所に住んでいましたが、「宅配便とインターネットがあれば全く困らない」と言っていました。
魚は、インターネットを使って日本海側の漁港から直接魚を仕入れていました。通常、魚は漁港で水揚げされてからトラックで豊洲のような市場まで運ばれます。そこで仲買に買われた魚は、各スーパーなどに配達され、そこで売られることになります。魚が捕れてから、スーパーで買われるまでにかなりの日数がたってしまいます。一方インターネットで地方の漁協に直接注文すると、その日捕れた魚は、翌日には宅配便で自宅まで届くそうです。漁協から送られた魚の新鮮さはスーパーで買ってきた魚とは段違いだそうです。送料の関係から

ある程度まとめた量を送ってもらうらしいのですが、すぐに食べきれない分は冷凍しておく
そうです。漁協から直接買った魚は値段が安く、宅配便の送料を考慮しても、スーパーで買
ってくるのと値段的には変わらないそうです。「生で美味しい魚が食べられる分だけ得だ」
と言っていました。

　子供の服もインターネットで買うそうです。万が一、大きさや色が実物では違って、気に
入らないものがあっても返品可能ということで、リスクもほとんどないと言っていました。
着なくなった服は、ヤフオクやメルカリなどで売ることで非常に効率よく暮らせると言って
いました。

　離れたところに住んでいれば、宅配便で配達してもらうのも大変です。更に山の上とか歩
かなければたどり着かないような場所では、物によっては配達してもらえないこともありえ
ます。この問題も空飛ぶクルマを使った、空飛ぶ宅配便で一挙に解決します。

　最後に残った問題が救急医療です。離れた場所に住んでいると街の消防署から救急車が来
るだけで 30 分以上の時間がかかります。更に病院まで連れて行ってもらったら、最初に呼
んだときから一時間以上かかることもざらにあります。これも空飛ぶクルマを使った空飛ぶ
救急車に医師が同乗することによって解決できます。もちろん現在でもドクターヘリはある
のですが、現在の規則ではドクターヘリは日没から日の出までは飛ぶことができません。更
にヘリコプターの着陸に適したランデブーポイントまで患者を運ぶ必要があります。空飛ぶ
クルマはヘリコプターに比べてはるかに狭い場所で離着陸できるために直接住んでいる場所
に到達することができます。

　空飛ぶクルマは住む場所という制約を大幅に減らします。空飛ぶクルマを活用すれば、自
分が住みたい場所に住めるようになるかもしれません。空飛ぶクルマが発達して、住む場所
の制約が少なくなれば、より多くの人が分散して住むようになり、人口の不均衡の問題を減
少させることができます。

災害と空飛ぶクルマ

　空飛ぶクルマが、もっとも活躍するのは災害時です。東日本大震災のときも車で避難しようとしても道路が渋滞して、更に交差点の信号が電気がなくて使えないために車が動くことができずなかなか避難できなかったという話があります。

　交差点の中に様々な方向から自動車が進入すれば、どの自動車も動くことができなくなってしまいます。

　また地震のときは建物や電柱が倒壊して道路をふさいで通れない、橋が崩落して通れないということも起こり得ます。阪神淡路大震災のときのように大規模火災が発生すれば、その地域を通り抜けることはできなくなります。空飛ぶクルマを使えば、大災害で道が通れないときでも安全に避難することができます。

　災害救助のときに頼りになるのが、救難用のヘリコプターです。これまでにも多くの人命が救難用のヘリコプターに救われてきました。

　救難用ヘリコプターの最大の問題は、その重量です。航空自衛隊の救難用ヘリコプターUH-60Jは、全備重量が 9,900 kg あります。機体の重さが 9,900 kg なら、その重量分の空気を下に送らなければ浮いていられません。ヘリコプターが上空で静止すると、下方には非常に強い下向きの風が発生します。弱い建物の真上ではホバリングできません。

　一方、小型の空飛ぶクルマには非常に軽量、小型のものがあります。小型の空飛ぶクルマなら屋根が弱い建物の上でも簡単に救助することができます。

　小型の特性を生かせば、大型ヘリコプターでは、救助できない場所での活躍が期待できそうです。

　消防用のハシゴ車ですが、一般的には 30m 級のハシゴ車が多いようです。35m 級のハシゴ車では条件が良いときには 11 階まで届きます。40m 級のハシゴ車は条件が良ければ 14 階まで届きますが限られた消防署にしか配備されていません。14 階を超える階は、スプリ

ンクラーなどの内部消火に頼るしかありません。大型の空飛ぶクルマが開発できれば、高層階の消火活動や、救助活動ができるようになります。

　自治体と協力して、バーティポートの直ぐ側に、災害用の備蓄基地を置けば、災害のときに被災地に必要な食料や飲み水、毛布やテントなどを届けることができます。送電網が壊れた時に備えて、緊急用の発電機と燃料を確保しておけば、電気がこなくても空飛ぶクルマの飛行ができます。

　日本は本州、九州、四国と中央に山脈が走っています。例えば、太平洋岸に地震が起きても日本海側にはさほど影響がありません。逆に日本海側に地震が起きても太平洋側にはさほど影響がありません。

　県が他の県と相互援助協定を結んでおけば、災害にあった県に、影響が無かった県から空飛ぶクルマを使って援助物資を送ることができます。行きに援助物資を運び、帰りは妊婦や乳幼児を連れた母親、高齢者などを乗せて帰れば、援助が必要な多くの人を助けることができます。

これからの空飛ぶクルマの開発

　空飛ぶクルマは、非常に有望なビジネスチャンスとなります。

　シンガポール 南洋理工大学 eVTOL センター James Wang 教授は空飛ぶクルマの生産数と金額を次のように予想しています。

　2030 年　年間総生産数 1,600 機　3,500 億円
　2040 年　年間総生産数 8 万機　13 兆円
　Porsche Consulting は 2035 年に 35 兆円と予想しています。**注 1：**

　現在、世界で開発されている空飛ぶクルマのほとんどが 7 人以下の少人数であり、かつバッテリー駆動です。その中には開発が進んで、耐空証明を受けようとしている機種が数種あります。既にこれらの空飛ぶクルマは 2022 年 6 月現在、合計で 5,781 機が発注されています。

　このクラスの空飛ぶクルマの開発はレッドオーシャン状態です。これから空飛ぶクルマを開発しようとするならば、目指すべきは、その後に続く空飛ぶクルマです。

　翼を持ち、500 kw 級以上の燃料電池かガスタービンを 2 基備え、離着陸はバッテリーを使うものの上空では燃料電池かガスタービンを動かし、充電しながら飛行する。バッテリーは離着陸時とガスタービン故障時の予備として使う。ペイロードは 1.25 トン以上、10 名〜19 名の旅客を乗せて、400 km 以上飛ぶことができる。

　この形の空飛ぶクルマが作れれば、人員輸送の他、貨物輸送、空飛ぶドクターカー、空飛ぶ消防車、空飛ぶレスキューと大幅に用途が広がります。

　このクラスの空飛ぶクルマの開発ができれば、世界中で使われる可能性が高くなります。

　日本の要素技術は非常に優秀です。産業界、官庁が力を合わせて課題に取り組めば、十分に達成できる目標だと思われます。

注 1：出典 2022 年 2 月 25 日 JETRO 大阪本部主催講演会

空飛ぶクルマの今後の課題

　空飛ぶクルマにはまだまだ課題が多く残されています。今後の課題として最低でも以下の項目が必要となります。更に多くの問題を検討し、規則や基準、標準の策定を行わなければなりません。

- 充電設備の電圧、電力量、プラグの形等の規格の制定
- ライセンスの区分と分類の策定
- 実地試験の項目と基準の策定
- 実地試験の試験官の養成
- 学科試験の問題と基準の策定
- 免許試験の国家試験化
- 免許試験実施団体の要件と選定
- 免許試験登録団体の要件と選定
- 飛行機の免許証からの書き換えの基準の策定
- ヘリコプターの免許証からの書き換えの基準の策定
- 耐空性審査要領の策定
- 耐空検査員の養成
- 航空法の改正
- 航空法施行規則の改正
- 各種、告示の改定、発行
- 空飛ぶクルマの夜間飛行の、要件、資格、規則等の策定
- 空飛ぶクルマの計器飛行の、要件、資格、規則等の策定
- 着陸場の大きさ、障害物、進入角度等の要件の策定、及び認可要領の策定
- レベル2衝突防止装置の、通信電波、通信方式、プロトコル、衝突防止装置、衝突防止プログラムの策定
- TCAS との整合性の検討
- TACAS のコード不足への対処
- 違法操縦の取締まりについての検討
- コントロールセンター設置の可否の検討
- コントロールセンターとの通信、電波、通信方式、プロトコルの策定
- コントロールセンターとの通信途絶の場合の対処
- 空のハイウェイの設置可否の検討

後書き

　空飛ぶクルマはまだ生まれたばかりです。これから 10 年、20 年と過ぎていくうちに社会は空飛ぶクルマによって大きく変わります。

　その変化が少しでも多くの人の幸せにつながっていくことを願ってやみません。

最後に、この本の出版を快諾してくださった、鳳文書林出版販売（株）の青木孝社長に深く感謝いたします。

索　引　（INDEX）

ADS-B 48	気温による高度 41
ASTM 56	危険な操縦 114
CFR...56	危険物 114
CFRP 67	救命胴衣 48
EASA 21	距離 43
EGPWS 71	霧 123
EURO CAE 56	緊急用フロート 48
FAA の耐空証明 55	訓練空域 47
G1000 83	計器 83
IFR 101	計器飛行方式 101
ISO 56	高温 135
kt 44	航空図 109
LSP 67	航空特殊無線技士 47
NM 43	航空無線通信士 47
RNP(アールエヌピー)航法 108	高度計の補正 40
RTCA 56	高度の単位 39
SAE 56	航法 107
SAE-S7 57	航法計算盤 110
UAM 18	後方乱気流 117
UAM コリドー 20	今後の課題 151
Vertiport 86	災害と空飛ぶクルマ 148
VFR..101	最低安全高度 42
VMC 102	砂塵嵐 138
VMC オントップ 104	山岳波 136
VOR 局 108	シートベルト 77
アーバンエアモビリティ 20	視程 123
アイエフアール 101	社会的影響 141
安全管理 140	出発前確認事項 85
異種金属接触腐食 78	衝突防止装置 49
運航上のリスク 122	身体検査証明 98
エマージェンシィボタン 77	振動センサー 68
欧州航空安全機関 21	進路権 105
応力センサー 68	推測航法 108
回転中にブレードの角度が変わる方式.66	水素脆性 80
回避方法 122	垂直離着陸用飛行場 86
海里...43	スタティックディスチャージャー 72
火災...121	整備性 53
火山灰...137	セーフティワイヤ 78
ガスタービンエンジン 81	積乱雲 126
過疎化への対応 144	設計思想 51
型式証明 59	設計上の留意点 51
過冷却水滴...135	セットリング・ウィズ・パワー 120
管制区...47	旋回 35
管制圏...47	騒音 61
慣性モーメント 51	操縦系統 75
気圧補正ノブ 40	操縦装置 73

操縦の監視 76
空飛ぶクルマと飛行機の違い 23
空飛ぶクルマとヘリコプターの違い.....24
空飛ぶクルマの開発 150
空飛ぶクルマの種類 27
空飛ぶクルマの乗員 96
空飛ぶクルマの速度 44
空飛ぶクルマの飛行原理 32
空飛ぶクルマの保守 95
空飛ぶクルマの免許 96
空のハイウェイ 139
耐空検査 95
耐空証明 54
耐空性改善通報 95
耐空性の規定 56
台風 132
太陽に向かっての飛行 117
ダウンウォッシュ 117
ダウンバースト 127
谷の飛行 116
地上誘導手信号 119
地文航法 107
着氷 134
強い雨 130
低温 133
点検 85, 95
電波航法 108
灯火 71
都市型エアモビリティ 18
トラック 45
トランスポンダー 47
二重系統 36
熱ダレ現象 136
燃料電池 80
ノーティカルマイル 43
ノット 44
バーティポート 86
バーティポートのセキュリティ 94
バーティポートの設置場所 91
ハイブリッド 79
バッテリー 70
バッテリーの冷却 70
バッテリーヒーター 70
飛行禁止空域 111
飛行日誌 95
雹 128
ビル風 125

ビルの屋上への離着陸 115
ブイエフアール 101
ブイエムシー 102
ブイエムシーオントップ 104
風速制限 125
風洞 73
富士山の山岳波 137
浮上用のブレードの他に、推進用のブレ
　　ードを持っている方式 30
浮上用のブレードのみの方式 31
物件の投下 114
部品の信頼性 54
フライトコンピュータの冗長性 53
フライトレコーダー 49
フリージングレイン 135
ブレード 60
ブレードケース 62
ブレードの形状 62
プロッター 109
ヘディング 45
ボイスレコーダー 49
保険 140
ボルテックス・リング 120
ホワイトアウト 131
ボンディングワイヤ 71
本人確認 97
マイクロバースト 127
右席操縦 75
見張り義務 105
無線電話 47
無線免許 98
モーター 68
もや 123
山の稜線の越え方 115
有視界飛行方式 101
雪 131
輸送禁止 114
翼を持ちブレードの方向を変える方式.28
横方向移動速度 125
横方向の推進力 74
雷道 127
落雷 130
落雷対策 67
乱気流への対処 77
離着陸場 86
稜線の反対側 116

参考文献

「エアラインパイロットのための航空気象」鳳文書林出版販売（株）

「METAR からの航空気象」鳳文書林出版販売（株）

「役にたつ VFR ナビゲーション」鳳文書林出版販売（株）

「エアラインパイロットのための ATC」鳳文書林出版販売（株）

航空法、航空法施行令、航空法施行規則

電波法、電波法施行令、電波法施行規則

日本ヘリコプター協会　翻訳 EHEST　トレイニング　リーフレット　安全に対する配慮

日本ヘリコプター協会　翻訳 EHEST　トレイニング　リーフレット　意思決定

経済産業省 空の移動革命に向けたロードマップ

（公財）航空機国際共同開発促進基金　【解説概要 29-2】　航空機の雷環境と複合材の雷損傷 Aircraft Lightning Environment and Lightning Damage on Composite Materials

（公財）航空機国際共同開発促進基金　【解説概要 2021-2】民間航空機搭載ソフトウェアの開発ガイドライン DO-178C の解説

三菱総合研究所（株）空飛ぶクルマという新規事業：空飛ぶクルマのサービス

三菱総合研究所（株）省エネルギー等に関する国際標準の獲得・普及促進事業委託費（国際ルールインテリジェンスに関する調査（空飛ぶクルマの標準化動向調査））

Aeronautical Information Manual（AIM）

Asian SKY UAM report 2021

CFR14 Part 21 Certification Procedures for Products and Articles

CFR14 PART 23 – Airworthiness Standards Normal Category Airplanes

CFR14 Part23 Ammendment64

EASA Special Condition of small-category VTOL aircraft (Doc: SC-VTOL)

EASA Means of Compliance with the Special Condition VTOL(Doc:MOC-1,2,3 SC-VTOL)

EASA Prototype Technical Design Specifications for Vertiports

EASA– Proposed Means of Compliance with the Special condition VTOL– MOC SC-VTOL

Issue 1 - Comment Response Document

FAA Vertiport Design Draft Engineering Brief 105

FAA Draft Engineering Brief 105, Vertiport Design

FAA ConOps(Concept of Operations) V1.0

Helicopter Flying Handbook（FAA-H-8083-21B）

ICAO Annex 1 - Personnel Licensing

ICAO Annex 8 - Airworthiness of Aircraft

ICAO Annex 14 - Aerodromes

ICAO Doc 9760　（Airworthiness Manual）

NASA/CR—2020–5001587 Urban Air Mobility Operational Concept (OpsCon) Passenger-Carrying Operations

Pilot's Handbook of Aeronautical Knowledge，（FAA-H-8083-25B）

VERTI FLIGHT Volume66 Number1～6

VERTI FLIGHT Volume67 Number1～6

VERTI FLIGHT Volume68 Number1～5

著者略歴

航空大学校卒
日本航空入社
ナパ　操縦教官
B747　機長　試験飛行室　テストパイロット
SAE－S7（コックピットの仕様を決める国際会議）委員（Vertical Situation Display
を提言、A380、B787 に採用される）
総合安全推進本部次長
Flight safety foundation Ikaros committee　委員
FSF　JAPAN　代表幹事
人間工学会　航空宇宙部会　事務局
JAL エクスプレス出向
総合安全推進担当部長　を歴任
日本航空を退職
スカイマーク入社
B737-800　機長 試験飛行室　テストパイロット、ライン操縦教官
スカイマークを退職
桜美林大学　航空・マネジメント学群　専任教授

資　格
気象予報士
定期運送用操縦士
操縦教育証明
FAA ATP MULTI ENGINE LAND

著　書
エアラインパイロットのための航空気象　鳳文書林出版販売㈱
エアラインパイロットのための ATC　鳳文書林出版販売㈱
エアラインパイロットのための航空事故防止 1　　鳳文書林出版販売（株）
役にたつ VFR ナビゲーション　鳳文書林出版販売㈱
ガーミン G1000 の使い方 初級編　鳳文書林出版販売㈱
安全のマニュアル　　鳳文書林出版販売（株）
METAR からの航空気象（共著）鳳文書林出版販売（株）
国際線機長の危機対応力　PHP 新書

メモ

メモ

令和 5 年 2 月 21 日　初版発行　　　　　　　　　　　　　　　　　　　印刷 ㈱ディグ

空飛ぶクルマ

横田　友宏著

発行　鳳文書林出版販売㈱

〒105-0004　東京都港区新橋 3 − 7 − 3

Tel 03-3591-0909　　Fax 03-3591-0709　　E-mail info@hobun.co.jp

ISBN978-4-89279-471-1　C3550　￥3300E　　　　　　　定価 3,630 円（本体 3,300 円＋税 10%）